国家基本职业培训包（指南包 课程包）

西式烹调师

（试行）

人力资源社会保障部职业能力建设司编制

中国劳动社会保障出版社

图书在版编目（CIP）数据

西式烹调师：试行 / 人力资源社会保障部职业能力建设司编制. -- 北京：中国劳动社会保障出版社，2020

国家基本职业培训包：指南包　课程包

ISBN 978－7－5167－4422－2

Ⅰ.①西…　Ⅱ.①人…　Ⅲ.①西式菜肴－烹饪－职业培训－教学参考资料　Ⅳ.①TS972.118

中国版本图书馆 CIP 数据核字（2020）第 052477 号

中国劳动社会保障出版社出版发行

（北京市惠新东街 1 号　邮政编码：100029）

*

北京市艺辉印刷有限公司印刷装订　　新华书店经销

880 毫米 ×1230 毫米　16 开本　10.5 印张　184 千字

2020 年 4 月第 1 版　　2020 年 4 月第 1 次印刷

定价：34.00 元

读者服务部电话：（010）64929211/84209101/64921644

营销中心电话：（010）64962347

出版社网址：http://www.class.com.cn

编制说明

为贯彻落实《中华人民共和国国民经济和社会发展第十三个五年规划纲要》提出的“实行国家基本职业培训包制度”的要求，大力推行终身职业技能培训制度，推进实施职业技能提升行动，按照《人力资源社会保障部办公厅关于推进职业培训包工作的通知》（人社厅发〔2016〕162号）的工作安排，“十三五”期间，组织开发培训需求量大的100个左右国家基本职业培训包，指导开发100个左右地方（行业）特色职业培训包，到“十三五”末，力争全面建立国家基本职业培训包制度，普遍应用职业培训包开展各类职业培训。

职业培训包开发工作是新时期职业培训领域的一项重要基础性工作，旨在形成以综合职业能力培养为核心、以技能水平评价为导向，实现职业培训全过程管理的职业技能培训体系，这对于进一步提高培训质量，加强职业培训规范化、科学化管理，促进职业培训与就业需求的有效衔接，推行终身职业培训制度具有积极的作用。

国家基本职业培训包是集培养目标、培训要求、培训内容、课程规范、考核大纲、教学资源等为一体的职业培训资源总和，是职业培训机构对劳动者开展政府补贴职业培训服务的工作规范和指南。国家基本职业培训包由指南包、课程包和资源包三个子包构成，三个子包各含有相应培训内容与教学资源。

在征求各地培训需求的基础上，经调研论证，人力资源社会保障部组织有关行业专家编制了首批中式烹调师等10个职业（工种）的国家基本职业培训包（指南包 课程包），并于2017年10月印发施行。

在首批中式烹调师等10个职业（工种）国家基本职业培训包编制的基础上，2018年11月，人力资源社会保障部继续组织有关行业专家开展第二批电工等15个职业（工种）的国家基本职业培训包（指南包 课程包）的编制工作。

此次编制的电工等15个职业（工种）的国家基本职业培训包遵循《职业培训包开发技术规程（试行）》的要求，依据国家职业技能标准和企业岗位技术规范，结合新经济、新产业、新职业发展编制，力求客观反映现阶段本职业（工种）的技术水平、对从业人员的要求和职业培训教学规律。

《国家基本职业培训包（指南包 课程包）——西式烹调师（试行）》是在各有关专家的共同努力下完成的。参加编写的人员主要有：浙江商业职业技术学院胡均力、李鑫、赵刚、王炳华、朱威、王健，南京旅游职业学院陆理民，上海师范大学旅游学院李伟强，宁夏工商职业技术学院宋国庆，青岛酒店职业技术学院江云涛，浙江农业商贸职业技术学院顾沈超。在编制过程中，得到了浙江商业职业技术学院的大力支持，在此一并致谢。

国家基本职业培训包编审委员会

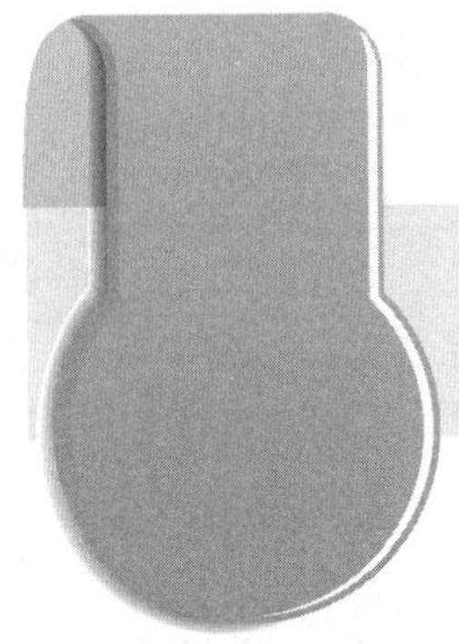

目　录

1 指 南 包

2 课 程 包

附录 培训要求与课程规范对照表

1

指南包

1.1 职业培训包使用指南

1.1.1 职业培训包结构与内容

西式烹调师职业培训包由指南包、课程包、资源包三个子包构成，结构如图 1 所示。

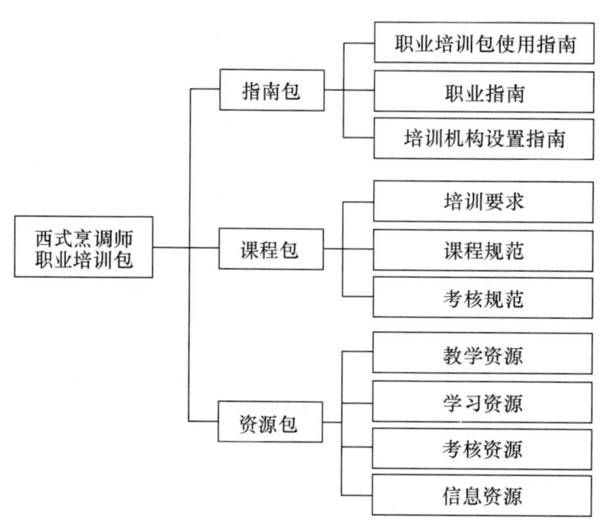

图 1 职业培训包结构图

指南包是指导培训机构、培训教师与学员开展职业培训的服务性内容总合，包括职业培训包使用指南、职业指南和培训机构设置指南。职业培训包使用指南是培训教师与学员了解职业培训包内容、选择培训课程、使用培训资源的说明性文本，职业指南是对职业信息的概述，培训机构设置指南是对培训机构开展职业培训提出的具体要求。

课程包是培训机构与教师实施职业培训、培训学员接受职业培训必须遵守的规范总合，包括培训要求、课程规范、考核规范。培训要求是参照国家职业技能标准、结合职业岗位工作实际需求制定的职业培训规范。课程规范是依据培训要求、结合职业培训教学规律，对课程设置、课堂学时、课程内容与培训方法等所做的统一规定。考核规范是针对课程规范中所规定的课程内容开发的，能够科学评价培训学员过程性学习效果与终结性培训成果的规则，是客观衡量培训学员职业基本素质与职业技能水平的标准，也是实施职业培训过程性与终结性考核的依据。

资源包是依据课程包要求，基于培训学员特征，遵循职业培训教学规律，应用先进职业培训课程理念，开发的多媒介、多形式的职业培训与考核资源总合，包括教学资源、学习资源、考核资源和信息资源。教学资源是为培训教师组织实施职业培训教学活动提供的相关资源；学习资源是为培训学员学习职业培训课程提供的相关资源；考核资源是为培训机构和教师实施职业培训考核提供的相关资源；信息资源是为培训教师和学员拓展视野提供的体现科技进步、职业发展的相关动态资源。

1.1.2 培训课程体系介绍

西式烹调师职业培训课程体系依据职业技能等级分为职业基本素质培训课程、五级 / 初级职业技能培训课程、四级 / 中级职业技能培训课程、三级 / 高级职业技能培训课程、二级 / 技师职业技能培训课程和一级 / 高级技师职业技能培训课程，每一类课程包含模块、课程和学习单元三个层级。西式烹调师职业培训课程体系源自本职业培训包课程包中的课程规范，以学习单元为基础，形成职业层次清晰、内容丰富的“培训课程超市”。

西式烹调师职业培训课程学时分配一览表

职业技能等级	课堂学时		其他学时	培训总学时
	职业基本素质培训课程	职业技能培训课程		
五级 / 初级	32	45	90	167
四级 / 中级	22	61	100	183
三级 / 高级	2	64	128	194
二级 / 技师	2	63	128	193
一级 / 高级技师	2	58	116	176

注：课堂学时是指培训机构开展的理论课程教学及实操课程教学的建议最低学时数，其中职业基本素质培训课程为理论知识培训课程，职业技能培训课程包含理论知识和操作技能培训课程。除课堂学时外，培训总学时还应包括岗位实习、现场观摩、自学自练等其他学时。

（1）职业基本素质培训课程

模块	课程	学习单元	课堂学时
1. 职业认知与职业道德	1-1 职业认知	职业认知	1
	1-2 职业道德基本知识与职业守则	职业道德基本知识与职业守则	1
2. 烹饪原料基础知识	2-1 西餐原料的概述	西餐原料的概述	1
	2-2 原料的特性	原料的特性	1
	2-3 原料的选择与鉴别	原料的选择与鉴别	1
	2-4 原料的保管与储藏	原料的保管与储藏	1

续表

模块	课程	学习单元	课堂学时
3. 饮食营养知识	3–1 食物的消化与吸收	（1）食物的消化与食物的吸收	1
		（2）食物消化吸收与烹饪的关系	1
	3–2 人体必需的营养素	六大营养素	1
	3–3 原料的营养价值	（1）植物性原料营养价值	1
		（2）动物性原料营养价值	1
	3–4 平衡膳食	（1）平衡膳食	1
		（2）中国居民膳食指南	1
4. 食品卫生	4–1 食品污染及预防	（1）食品污染的概念及类型	1
		（2）各类食品污染及其预防	1
	4–2 食物中毒及预防	（1）食源性疾病与食物中毒	1
		（2）食物中毒的类型	1
		（3）食物中毒事故的处理	1
	4–3 烹饪原料的卫生与安全	各类原料的卫生	1
	4–4 烹饪工艺的卫生与安全	（1）原料初加工工艺卫生与安全	1
		（2）烹饪制作卫生与安全	1
	4–5 饮食卫生要求	（1）个人卫生	1
		（2）餐饮企业的环境卫生	1
		（3）食品生产、储存、销售过程的卫生要求	1
5. 厨房安全知识	5–1 安全用电知识	（1）厨房安全用电	1
		（2）触电的现场救护	1
	5–2 防火防爆与安全知识	（1）防火知识	1
		（2）防爆知识	1
	5–3 设备、工具的安全使用与保养	（1）设备的安全使用与保养	1
		（2）工具的安全使用与保养	1
6. 相关法律、法规知识	6–1 法律知识	法律知识	1
	6–2 法规知识	法规知识	1
课堂学时合计			32

注：本表所列为五级 / 初级职业基本素质培训课程，其他等级职业基本素质培训课程按“西式烹调师职业培训课程学时分配一览表”中相应的课堂学时进行必要的调整。

（2）五级 / 初级职业技能培训课程

模块	课程	学习单元	课堂学时
1. 岗前准备	个人、工作环境及工具准备	个人、工作环境及工具准备	1
2. 原料初加工	2–1　植物性原料加工	（1）蔬菜的清洗、切削	1
		（2）蔬菜的切割成形	1
	2–2　动物性原料加工	（1）鱼类宰杀、清洗	1
		（2）猪排、鸡排、鱼排的切割	2
3. 冷菜烹调	3–1　冷菜调味汁制作	（1）蛋黄酱的制作与保存	1
		（2）油醋汁的制作与保存	1
		（3）蔬果莎莎汁的制作与保存	1
	3–2　色拉制作	（1）色拉的概述	1
		（2）生菜色拉的制作	1
		（3）水果色拉的制作	1
		（4）土豆色拉的制作	1
	3–3　三明治制作	（1）三明治的概述	1
		（2）热三明治的制作	1
		（3）冷三明治的制作	1
4 热菜烹调	4–1　基础汤制作	（1）基础汤概述	1
		（2）牛骨汤的制作	1
		（3）鸡骨汤的制作	1
		（4）鱼骨汤的制作	1
	4–2　少司制作	（1）少司基础知识	1
		（2）布朗少司的制作	1
		（3）白色基础少司的制作	1
		（4）番茄少司的制作	1
	4–3　热菜加工	（1）用炸的烹调方法制作猪排、鸡排、鱼排等菜肴	4
		（2）用煎的烹调方法制作汉堡包、热狗等菜肴	4
		（3）用烤的烹调方法制作鸡翅、鸡腿等菜肴	4
		（4）配菜知识	1
		（5）用炒的烹调方法制作蔬菜类、淀粉类配菜菜肴	4
		（6）用煮的烹调方法制作蛋类菜肴	4
课堂学时合计			45

（3）四级 / 中级职业技能培训课程

模块	课程	学习单元	课堂学时
1. 原料加工	1-1　动物性原料的粗加工	（1）鱼类剔鱼柳及分档取料	1
		（2）禽类的分档取料	1
		（3）虾蟹类、贝壳类、软体类的粗加工	1
	1-2　动物性原料的精加工	（1）带骨羊排的切割成形	1
		（2）不带骨羊排的切割成形	1
		（3）牛脊背部的切割成形	1
		（4）牛里脊的切割成形	1
		（5）鱼柳的切割成形	1
		（6）肉类卷的加工	1
2. 冷菜烹调	2-1　冷菜调味汁制作	（1）蛋黄酱的衍生调味汁	1
		（2）恺撒汁的制作	1
		（3）法国汁的制作	1
	2-2　色拉制作	（1）鸡肉类色拉的制作	4
		（2）海鲜类色拉的制作	4
		（3）冷肉拼盘（两种以上冷切肉）的制作	4
		（4）胶冻类冷菜的制作	4
	2-3　冷汤制作	（1）蔬菜冷汤的制作	2
		（2）奶制品冷汤的制作	2

续表

模块	课程	学习单元	课堂学时
3．热菜烹调	3–1　汤类制作	（1）汤菜的概述	1
		（2）奶油汤的制作	3
		（3）牛肉浓汤的制作	2
		（4）蔬菜汤的制作	2
	3–2　少司制作	（1）用布朗少司制作鸡肉少司	1
		（2）用布朗少司制作牛肉少司	1
		（3）用布朗少司制作羊肉少司	1
		（4）用奶油少司制作鱼类、贝壳类少司	2
	3–3　热菜制作	（1）用煮、炒的烹调方法制作意大利面食	4
		（2）用焗、烤的烹调方法制作意大利比萨、西班牙海鲜饭	4
		（3）用蒸、烤的烹调方法制作海鲜类菜肴	4
		（4）用煎、烤的烹调方法制作牛排、羊排、猪排、鱼柳等菜肴	4
课堂学时合计			61

（4）三级 / 高级职业技能培训课程

模块	课程	学习单元	课堂学时
1．原料加工	1–1　原料腌渍	（1）鸡、鸭等禽类原料的腌渍	1
		（2）畜肉原料的腌渍	1
	1–2　原料成形	（1）禽类进行烧烤前的捆扎成形	1
		（2）畜类进行烧烤前的捆扎成形	1

续表

模块	课程	学习单元	课堂学时
2. 冷菜烹调	2-1 冷菜调味汁制作	(1) 奶酪调味汁的制作	1
		(2) 新鲜香料调味汁的制作	1
		(3) 芥末酱、芥末粉调味汁的制作	1
	2-2 冷菜加工与拼摆	(1) 烟熏三文鱼的制作	4
		(2) 海鲜拼盘（两种以上海鲜）的制作	4
		(3) 海鲜塔林的制作	4
		(4) 禽类派的制作	4
		(5) 鹅肝酱的制作	4
3. 热菜烹调	3-1 汤类制作	(1) 茸汤的制作	2
		(2) 鸡肉、牛肉清汤的制作	2
	3-2 少司制作	(1) 芝士少司的制作	1
		(2) 芥末少司的制作	1
		(3) 蔬果少司的制作	1
		(4) 黄油少司的制作	1
	3-3 热菜制作	(1) 西式切配表演的概述	1
		(2) 用烤的烹调方法制作火鸡、整鹅、乳猪、羊腿、牛排等现场切割菜肴	4
		(3) 用煎的烹调方法制作鹅肝、鸭肝菜肴	4
		(4) 用焖的烹调方法制作禽类菜肴	4
		(5) 用扒的烹调方法制作肉排、鱼柳等菜肴	4
		(6) 用焗的烹调方法制作海鲜类菜肴	4
		(7) 用蒸的烹调方法制作贝壳类菜肴	4
		(8) 用混合烹调方法制作石斑鱼、龙虾、蜗牛等菜肴	4
课堂学时合计			64

（5）二级 / 技师职业技能培训课程

模块	课程	学习单元	课堂学时
1．原料加工	1–1　原料加工	（1）禽类的整体脱骨	1
		（2）海鲜卷的加工	1
	1–2　原料腌渍	（1）风味禽类产品的腌渍	1
		（2）烟熏海鲜产品的腌渍	1
2．冷菜烹调	2–1　冷菜调味汁制作	（1）海鲜调味汁的制作	1
		（2）水果调味汁的制作	1
		（3）坚果为原料调味汁的制作	1
		（4）日式调味汁的制作	1
	2–2　冷菜加工	（1）肉类、海鲜、水果为原料色拉的制作	1
		（2）日式刺身拼盘的制作	1
		（3）镜面水果的制作	1
		（4）果雕装饰的制作	1
3．热菜烹调	3–1　汤类制作	（1）鹿肉等清汤的制作	2
		（2）菌菇类茸汤的制作	1
		（3）应用分子料理胶囊技术的奶油蔬菜汤制作	2
	3–2　少司制作	（1）黑菌、松茸为原料少司的制作	1
		（2）酒为原料少司的制作	1
		（3）分子料理泡沫技术少司的制作	1
	3–3　热菜加工	（1）烤制填馅菜肴的制作	4
		（2）烤制酥皮肉类和鱼类菜肴的制作	4
		（3）油浸禽类菜肴的制作	4
		（4）烩制鹿肉等菜肴的制作	4
		（5）隔水烤制慕斯类菜肴的制作	4
		（6）低温慢煮畜肉类、海鲜类菜肴的制作	4
	3–4　甜品制作	（1）水果派的制作	2
		（2）蛋挞的制作	2
		（3）布丁的制作	2

续表

模块	课程	学习单元	课堂学时
4．菜单设计	4–1　套餐菜单设计	（1）菜单设计的概述	1
		（2）套餐菜单的设计	1
	4–2　季节菜单设计	（1）按不同季节编制时令菜单	1
		（2）按不同季节编制美食节菜单	1
	4–3　点菜菜单设计	（1）零点及零点菜单的组合设计	1
		（2）酒会菜单的组合设计	1
5．指导与创新	5–1　培训指导	（1）三级 / 高级工以下员工的技术指导	1
		（2）三级 / 高级工及以下员工的岗位操作技能分析和总结	1
		（3）三级 / 高级工及以下员工厨房英语培训	2
	5–2　工艺创新	（1）传统菜肴改良创新	1
		（2）用新原料、新设备进行菜肴开发	1
		（3）当地食材与传统菜肴的有机融合	1
课堂学时合计			63

（6）一级 / 高级技师职业技能培训课程

模块	课程	学习单元	课堂学时
1．经典菜肴制作与创新	1–1　经典菜肴制作	（1）欧美经典菜肴的制作	8
		（2）亚洲经典菜肴的制作	8
		（3）制作菜肴过程中的技术难题的解决	1
	1–2　菜肴创新	（1）对自己擅长菜系的分析	1
		（2）对自己擅长菜系的创新	1

续表

模块	课程	学习单元	课堂学时
2. 宴会设计与菜单制定	2-1 宴会与酒会的摆台设计与装饰	（1）主题雕刻工艺	4
		（2）器皿知识	1
		（3）酒会台面与台形设计	1
		（4）酒会摆台设计与装饰	1
		（5）宴会摆台设计与装饰	1
	2-2 菜单制定	（1）主题餐厅菜单的制定	1
		（2）宴会菜单的制定	1
		（3）美食节菜单的制定	1
		（4）英语菜单的编制、书写	1
3. 厨房管理	3-1 人员配备	（1）厨房组织结构及各岗位人员调配	1
		（2）厨房各岗位职责的制定	1
	3-2 宴会安排	（1）宴会菜肴的制作	1
		（2）宴会菜肴制作实施方案的编制	1
		（3）宴会服务概述	1
		（4）宴会服务方案的实施	2
		（5）主题性展台的设计与展台美化、装饰	1
	3-3 成本控制与食品管理	（1）厨房管理和成本管理的概述	1
		（2）厨房产品成本控制	2
		（3）食品加工环节中控制食品卫生和安全	2
		（4）运用 HACCP 的危险管控	2
	3-4 厨房布局	（1）影响厨房布局的因素	1
		（2）西餐厨房布局与设备配置	1
4. 指导与创新	4-1 培训	（1）本专业培训计划编制与实施	1
		（2）二级 / 技师及以下员工的技术指导	1
		（3）二级 / 技师及以下员工厨房英语及听说培训	4
	4-2 技术研究	（1）西式烹调工艺的难题的研究	2
		（2）专业技术研究论文的写作	2
课堂学时合计			58

1.1.3 培训课程选择指导

职业基本素质培训课程为必修课程，相当于本职业的入门课程。各级别职业技能培训课程由培训机构教师根据培训学员实际情况，遵循高级别涵盖低级别的原则进行选择。

原则上，初入职的培训学员应学习职业基本素质培训课程和五级 / 初级职业技能培训课程的全部内容，有职业技能等级提升需求的培训学员，可按照国家职业技能标准的“鉴定要求”，对照自身需求选择更高等级的培训课程。

具有一定从业经验、无职业技能等级晋升要求的培训学员，可根据自身实际情况自主选择本职业培训课程体系。具体方法为：（1）选择课程模块；（2）在模块中筛选课程；（3）在课程中筛选学习单元；（4）组合成本次培训的课程内容。

培训教师可以根据以上方法对培训学员进行单独指导。对于订单培训，培训教师可以按照如上方法，对照订单要求进行培训课程的选择。

1.2 职业指南

1.2.1 职业描述

西式烹调师是指运用俄、法等西式加工切配技巧和烹调方法，进行烹调原料、辅料、调味加工，制作西式风味菜肴的人员。

1.2.2 职业培训对象

西式烹调师职业培训的对象主要包括：城乡未继续升学的应届初高中毕业生、农村转移就业劳动者、城镇登记失业人员、转岗转业人员、退役军人、企业在职职工和高校毕业生等各类有培训需求的人员。

1.2.3 就业前景

西式烹调师的工作岗位有初加工、冷菜制作、热菜制作、点心制作等，西式烹调师工作岗位从业人员还可以视情况晋升为领班、厨师长、总厨、总监等行政技术岗位。西式烹调师从业人员可以在宾馆、酒店、游轮、度假村、公寓等场所内部的餐饮部（包括各种风味餐厅等），各类独立经营的餐饮服务机构（包括社会餐厅、餐馆、餐饮店、快餐店等），以及企事业单位的餐厅及一些社会保障与服务部门的餐饮服务机构（包括企事业单位食堂、餐厅，学校、幼儿园、监狱、医院、军营的餐厅等）从事相关工作。

1.3 培训机构设置指南

1.3.1 师资配备要求

（1）培训教师任职基本条件

1）培训五级 / 初级、四级 / 中级、三级 / 高级西式烹调师的教师应具有本职业二级 / 技师及以上职业资格证书或相关专业中级及以上专业技术职务任职资格。

2）培训西式烹调师二级 / 技师的教师应具有本职业一级 / 高级技师职业资格证书或相关专业高级专业技术职务任职资格。

3）培训西式烹调师一级 / 高级技师的教师应具有本职业一级 / 高级技师职业资格证书 2 年以上或相关专业高级专业技术职务任职资格。

（2）培训教师数量要求（以 20 人培训班为基准）

培训教师：2 人及以上；培训规模超过 20 人的，按教师与学员之比不低于 1 ∶ 20 配备教师。

1.3.2 培训场所设备配置要求

培训场所设备要求如下（以 20 人培训班为基准）：

（1）理论知识培训场所设备配置要求：60 平方米以上标准教室，多媒体教学设备（计算机、投影仪、幕布或显示屏、网络接入设备、音响设备）、黑板、20 套以上桌椅，符合照明、通风、安全等相关规定。

（2）操作技能培训场所设备配置要求：实习工位 20 个以上，设备设施配套齐全，符合环保、劳保、安全、卫生、消防、通风和照明等相关规定及安全规程。

其中：西式烹调师（五级/初级、四级/中级、三级/高级）培训场所应具备教师演示和学员练习两个功能，包括：仓储、初加工、演示、切配和烹调等功能区；西式烹调师（二级/技师、一级/高级技师）的培训场所可增加作品展示功能区。

操作技能培训相关用具、设备及其他物品、材料等配置要求如下（按标准培训班20人配备）：

序号	用具、设备及其他物品、材料	数量或规格说明	等级				
			五级/初级	四级/中级	三级/高级	二级/技师	一级/高级技师
1	四头西式灶连烤箱	10台	√	√	√	√	√
2	多功能蒸烤箱（含蒸、烤盘）	2台	√	√	√	√	√
3	炸炉	4台	√	√	√	√	√
4	扒炉	2台	√	√	√	√	√
5	面火焗炉	4台	√	√	√	√	√
6	烟熏烤箱	1台	√	√	√	√	√
7	食物真空机	1台	√	√	√	√	√
8	低温慢煮机	1台	√	√	√	√	√
9	多功能搅拌器	1台	√	√	√	√	√
10	高速料理棒	2台	√	√	√	√	√
11	打蛋机	2台	√	√	√	√	√
12	制冷机	1台	√	√	√	√	√
13	急冻冰箱	1台	√	√	√	√	√
14	双门双温柜式电冰箱（配保鲜盒）	1台	√	√	√	√	√
15	电开水箱	1台	√	√	√	√	√
16	刀具及刀具柜	20套	√	√	√	√	√
17	塑料菜板及菜板架	20套（红、白、绿、黄、蓝）	√	√	√	√	√
18	磨刀石或磨刀棒	5块	√	√	√	√	√
19	剪刀	20把	√	√	√	√	√
20	鱼鳞刮	20个	√	√	√	√	√
21	鱼刺夹	20把	√	√	√	√	√

续表

序号	用具、设备及其他物品、材料	数量或规格说明	等级				
			五级 / 初级	四级 / 中级	三级 / 高级	二级 / 技师	一级 / 高级技师
22	煎锅	与灶头数一致	√	√	√	√	√
23	少司锅	与灶头数一致	√	√	√	√	√
24	汤锅（配锅盖）	与灶头数一致	√	√	√	√	√
25	汤勺	与灶头数一致	√	√	√	√	√
26	鸭嘴勺	与灶头数一致	√	√	√	√	√
27	平铲	与灶头数一致	√	√	√	√	√
28	不锈钢食品夹	与灶头数一致	√	√	√	√	√
29	锥形滤网	与炉灶数一致	√	√	√	√	√
30	帽形滤网	与炉灶数一致	√	√	√	√	√
31	调味器皿（每组不少于 6 个）	与炉灶数一致	√	√	√	√	√
32	操作台（工作桌）	20 张	√	√	√	√	√
33	水池（配水龙头）	与炉灶数一致	√	√	√	√	√
34	展示桌	20 张以上	√	√	√	√	√
35	不锈钢发料盘	20 个	√	√	√	√	√
36	不锈钢盆	20 个	√	√	√	√	√
37	废料盆	21 个	√	√	√	√	√
38	餐具（盅、盘等）	与培训菜品种类及数量一致	√	√	√	√	√
39	餐具置物柜	2 个	√	√	√	√	√
40	塑料筐（周转箱）	6 个	√	√	√	√	√
41	配菜盘	80 个	√	√	√	√	√

续表

序号	用具、设备及其他物品、材料	数量或规格说明	等级				
			五级 / 初级	四级 / 中级	三级 / 高级	二级 / 技师	一级 / 高级技师
42	三层货架（原料摆放）	2 个	√	√	√	√	√
43	不锈钢汤桶	2 个	√	√	√	√	√
44	大型塑料箱（盛放调料、辅料）	4 个	√	√	√	√	√
45	垃圾桶	4 个	√	√	√	√	√
46	拖把	5 把	√	√	√	√	√
47	扫把	5 把	√	√	√	√	√
48	簸箕	5 个	√	√	√	√	√
49	抹布	20 块	√	√	√	√	√
50	清洁剂	10 瓶	√	√	√	√	√
51	消毒剂	10 瓶	√	√	√	√	√
52	台签	20 个	√	√	√	√	√
53	文件夹	20 个	√	√	√	√	√
54	打印机、电脑	各 1 台	√	√	√	√	√
55	笔、纸	20 套	√	√	√	√	√
56	黄油雕工具	4 套					√
57	冰雕工具	4 套					√

1.3.3 教学资料配备要求

（1）培训规范：《西式烹调师国家职业技能标准》《西式烹调师职业基本素质培训要求》《西式烹调师职业技能培训要求》《西式烹调师职业基本素质培训课程规范》《西式烹调师职业技能培训课程规范》《西式烹调师职业基本素质培训考核规范》《西式烹调师职业技能培训理论知识考核规范》《西式烹调师职业技能培训操作技能考核规范》。

（2）教学资源、教材教辅、网络资源等内容必须符合“（1）培训规范”。

1.3.4 管理人员配备要求

（1）专职校长：1 人，应具有大专及以上文化程度、中级及以上专业技术职务任职资格，从事职业教育及教学管理 5 年以上，熟悉职业培训的有关法律法规。

（2）教学管理人员：1 人以上，专职人员不少于 1 人；应具有大专及以上文化程度、中级及以上专业技术职务任职资格，从事职业教育及教学管理 5 年以上，具有丰富的教学管理经验。

（3）办公室人员：1 人以上，应具有大专及以上文化程度。

（4）财务管理人员：2 人，应具有大专及以上文化程度。

1.3.5 管理制度要求

培训机构应建立健全完备的管理制度，包括办学章程与发展规划，教学管理、教师管理、学员管理、财务管理、设备管理等制度。

2

课程包

2.1 培训要求

2.1.1 职业基本素质培训要求

职业基本素质模块	培训内容	培训细目
1. 职业认知与职业道德	1-1 职业认知	（1）西餐职业认知 （2）西式烹调师的工作内容
	1-2 职业道德基本知识与职业守则	（1）道德 （2）职业道德 （3）职业守则
2. 烹饪原料基础知识	2-1 西餐原料的概述	（1）烹饪原料的概念 （2）原料的分类方法 （3）原料的特点
	2-2 原料的特性	（1）粮食原料的特性 （2）果蔬原料的特性 （3）畜类原料的特性 （4）禽类原料的特性 （5）水产品原料的特性 （6）其他原料的特性
	2-3 原料的选择与鉴别	（1）粮食原料的选择与鉴定 （2）果蔬原料的选择与鉴定 （3）畜类原料的选择与鉴定 （4）禽类原料的选择与鉴定 （5）水产品原料的选择与鉴定 （6）其他原料的选择与鉴定
	2-4 原料的保管与储藏	（1）粮食原料的保管与储藏 （2）果蔬原料的保管与储藏 （3）畜类原料的保管与储藏 （4）禽类原料的保管与储藏 （5）水产品原料的保管与储藏 （6）其他原料的保管与储藏

续表

职业基本素质模块	培训内容	培训细目
3. 饮食营养知识	3-1 食物的消化与吸收	（1）食物的消化 （2）食物的吸收 （3）烹饪与消化吸收的关系
	3-2 人体必需的营养素	（1）蛋白质的基础知识 （2）脂类的基础知识 （3）碳水化合物的基础知识 （4）维生素的基础知识 （5）矿物质的基础知识 （6）水的基础知识
	3-3 原料的营养价值	（1）粮食原料的营养价值 （2）果蔬原料的营养价值 （3）畜类原料的营养价值 （4）禽类原料的营养价值 （5）水产品原料的营养价值 （6）其他原料的营养价值
	3-4 平衡膳食	（1）平衡膳食 （2）中国居民膳食指南
4. 食品卫生	4-1 食品污染及预防	（1）食品污染的概念 （2）食品污染的类型 （3）食品的生物性污染及其预防 （4）食品的化学性污染及其预防 （5）食品的物理性污染及其预防
	4-2 食物中毒及预防	（1）食源性疾病与食物中毒 （2）食物中毒的类型 （3）食物中毒事故的处理
	4-3 烹饪原料的卫生与安全	（1）粮食原料的卫生与安全 （2）果蔬原料的卫生与安全 （3）畜类原料的卫生与安全 （4）禽类原料的卫生与安全 （5）水产品原料的卫生与安全 （6）其他原料的卫生与安全
	4-4 烹饪工艺的卫生与安全	（1）烹饪原料初加工工艺卫生与安全 （2）烹饪制作卫生与安全
	4-5 饮食卫生要求	（1）个人卫生 （2）餐饮企业的环境卫生 （3）食品生产、储存、销售过程的卫生要求

续表

职业基本素质模块	培训内容	培训细目
5. 厨房安全知识	5-1 安全用电知识	(1) 厨房安全用电知识 (2) 触电的现场救护
	5-2 防火防爆与安全知识	(1) 防火知识 (2) 防爆知识
	5-3 设备、工具的安全使用与保养	(1) 设备的安全使用与保养 (2) 工具的安全使用与保养
6. 相关法律、法规知识	6-1 法律知识	(1)《中华人民共和国劳动法》 (2)《中华人民共和国食品安全法》 (3)《中华人民共和国环境保护法》
	6-2 法规知识	(1)《食品生产许可管理办法》 (2)《餐饮业和集体用餐配送单位卫生规范》

2.1.2 五级 / 初级职业技能培训要求

职业功能模块	培训内容	技能目标	培训细目
1. 岗前准备	1-1 个人、工作环境及工具准备	1-1-1 能进行个人卫生整理、工服规范穿戴、仪容仪表自查	(1) 个人卫生的整理 (2) 个人工服的规范穿戴 (3) 仪容仪表检查
		1-1-2 能进行工作环境准备	工作环境卫生检查与准备
		1-1-3 能进行厨房各岗位工具准备	(1) 厨房各岗位工具准备 (2) 盛具准备
2. 原料加工	2-1 植物性原料加工	2-1-1 能洗涤、切削蔬菜	(1) 蔬菜原料加工的一般原则 (2) 蔬菜原料的初步加工方法
		2-1-2 能对蔬菜切割成形	(1) 菜丝的切割 (2) 蔬菜碎末的切割 (3) 蔬菜丁的切割 (4) 蔬菜片的切割 (5) 土豆条的切割 (6) 橄榄形蔬菜的切削
	2-2 动物性原料加工	2-2-1 能宰杀、清洗鲜活鱼类	(1) 去鳞、鳃、鳍 (2) 摘除内脏 (3) 去沙 (4) 剥皮 (5) 泡烫
		2-2-2 能切割猪排、鸡排、鱼排等原料	(1) 猪排的切割 (2) 鸡排的切割 (3) 鱼排的切割

续表

职业功能模块	培训内容	技能目标	培训细目
3. 冷菜烹调	3-1 冷菜调味汁制作	3-1-1 能制作蛋黄酱	（1）蛋黄酱的制作 （2）蛋黄酱的保存
		3-1-2 能制作油醋汁	（1）油醋汁的制作 （2）油醋汁的保存
		3-1-3 能制作蔬果莎莎汁	（1）蔬果莎莎汁的制作 （2）蔬果莎莎汁的保存
	3-2 色拉制作	3-2-1 能制作生菜色拉	（1）生菜色拉的制作 （2）生菜色拉的保存
		3-2-2 能制作水果色拉	（1）水果色拉的制作 （2）水果色拉的保存
		3-2-3 能制作土豆色拉	（1）土豆色拉的制作 （2）土豆色拉的保存
	3-3 三明治制作	3-3-1 能制作热三明治	（1）热封口式三明治制作 （2）热开口式三明治制作
		3-3-2 能制作冷三明治	（1）冷封口式三明治制作 （2）冷开口式三明治制作
4. 热菜烹调	4-1 基础汤制作	4-1-1 能制作牛骨汤	（1）牛白色基础汤的制作 （2）牛布朗基础汤的制作
		4-1-2 能制作鸡骨汤	（1）鸡白色基础汤的制作 （2）鸡布朗基础汤的制作
		4-1-3 能制作鱼骨汤	鱼基础汤的制作
	4-2 少司制作	4-2-1 能制作布朗少司	布朗少司的制作
		4-2-2 能制作基础奶油少司	（1）贝夏梅尔少司的制作 （2）瓦鲁迪少司的制作
		4-2-3 能制作番茄少司	番茄少司的制作
	4-3 热菜加工	4-3-1 能用炸的烹调方法制作猪排、鸡排、鱼排等菜肴	（1）炸火腿奶酪猪排的制作 （2）柠檬炸鸡排的制作 （3）面糊炸鱼排的制作
		4-3-2 能用煎的烹调方法制作汉堡包、热狗等菜肴	（1）加州汉堡的制作 （2）加拿大咸肉包的制作 （3）美式热狗的制作
		4-3-3 能用烤的烹调方法制作鸡翅、鸡腿等菜肴	（1）烤鸡翅配香醋汁的制作 （2）迷迭香烤鸡腿的制作
		4-3-4 能用炒的烹调方法制作蔬菜类、淀粉类配菜菜肴	（1）炒时蔬的制作 （2）香草炒意面的制作
		4-3-5 能用煮的烹调方法制作蛋类菜肴	（1）煮鸡蛋的制作 （2）水波鸡蛋的制作

2.1.3 四级 / 中级职业技能培训要求

职业功能模块	培训内容	技能目标	培训细目
1. 原料加工	1-1 动物性原料粗加工	1-1-1 能剔鱼柳及分档取料	（1）半圆形鱼类剔鱼柳及分档取料 （2）平鱼类剔鱼柳及分档取料
		1-1-2 能对禽类分档取料	（1）禽肉的分割 （2）鸡排的加工 （3）鸽子和鹌鹑的分档取料
		1-1-3 能对虾类、贝壳类、软体类等进行粗加工	（1）大虾的粗加工 （2）龙虾的粗加工 （3）蟹的粗加工 （4）牡蛎的粗加工 （5）贻贝的粗加工 （6）扇贝的粗加工 （7）鱿鱼的粗加工
	1-2 动物性原料精加工	1-2-1 能将羊排切割成形	（1）肋骨羊排的切割成形 （2）格利羊排的切割成形 （3）羊马鞍的切割成形 （4）腰脊羊排的切割成形 （5）里脊羊排的切割成形
		1-2-2 能将牛排切割成形	（1）肋骨牛排的切割成形 （2）巴德浩斯牛排的切割成形 （3）T －骨牛排的切割成形 （4）肉眼牛排的切割成形 （5）西冷牛排的切割成形 （6）米龙菲利牛排的切割成形 （7）听特浪牛排的切割成形 （8）小件牛排的切割成形 （9）薄片牛排的切割成形
		1-2-3 能将鱼柳切割成形	（1）蝶形鱼扇的切割成形 （2）单面鱼扇的切割成形 （3）鱼扇块的切割成形
		1-2-4 能加工肉类卷	（1）顺卷的加工 （2）叠卷的加工

续表

职业功能模块	培训内容	技能目标	培训细目
2. 冷菜烹调	2-1 冷菜调味汁制作	2-1-1 能制作蛋黄酱的衍生调味汁	（1）鞑鞑汁的制作 （2）千岛汁的制作 （3）尼莫利汁的制作
		2-1-2 能制作恺撒汁	恺撒汁的制作
		2-1-3 能制作法国汁	法国汁的制作
	2-2 色拉制作	2-2-1 能制作鸡肉类色拉	（1）熏鸡肉色拉的制作 （2）夏威夷鸡色拉的制作 （3）鸡肉类色拉的保存
		2-2-2 能制作海鲜类色拉	（1）夏威夷海鲜色拉的制作 （2）鱿鱼色拉的制作 （3）海鲜类色拉的保存
		2-2-3 能用两种以上冷切肉制作冷肉拼盘	烟猪通脊与胡椒牛肉冷拼的制作
		2-2-4 能制作胶冻类冷菜	（1）胶冻汁的制作 （2）德式猪肉冻的制作 （3）明虾冻的制作
	2-3 冷汤制作	2-3-1 能制作蔬菜冷汤	（1）农夫冷汤的制作 （2）冷红菜汤的制作 （3）番茄冷汤的制作
		2-3-2 能制作奶制品冷汤	（1）青蒜薯汤的制作 （2）冷樱桃汤的制作
3. 热菜烹调	3-1 汤类制作	3-1-1 能制作奶油蔬菜汤	（1）芦笋奶油汤的制作 （2）奶油鲜蘑汤的制作 （3）奶油西蓝花汤的制作
		3-1-2 能制作奶油海鲜汤	文蛤奶油汤的制作
		3-1-3 能制作牛肉浓汤	匈牙利牛肉汤的制作
		3-1-4 能制作蔬菜汤	（1）意大利蔬菜汤的制作 （2）罗宋汤的制作 （3）法式洋葱汤的制作

续表

职业功能模块	培训内容	技能目标	培训细目
3. 热菜烹调	3-2 少司制作	3-2-1 能用布朗少司制作鸡肉、牛肉、羊肉少司	(1) 迷迭香少司的制作 (2) 胡椒少司的制作 (3) 红酒少司的制作 (4) 蘑菇少司的制作 (5) 魔鬼少司的制作
		3-2-2 能用奶油少司制作鱼类、贝壳类少司	(1) 莫内少司的制作 (2) 番红花奶油少司的制作 (3) 欧芹少司的制作 (4) 苦艾酒少司的制作
	3-3 热菜制作	3-3-1 能用煮、炒的烹调方法制作意大利面、意大利饺子、意大利饭	(1) 肉酱意大利面的制作 (2) 菠菜芝士意大利饺的制作 (3) 蘑菇意大利饭的制作
		3-3-2 能用焗、烤的烹调方法制作意大利比萨、西班牙海鲜饭	(1) 马格里特比萨的制作 (2) 西班牙海鲜饭的制作
		3-3-3 能用蒸、烤的烹调方法制作海鲜类菜肴	(1) 蒸海鲜的制作 (2) 烤海鲜的制作
		3-3-4 能用煎、烤的烹调方法制作牛排、羊排、猪排、鱼柳等菜肴	(1) 煎牛扒蘑菇少司的制作 (2) 香草烤羊排的制作 (3) 米兰煎猪排的制作 (4) 黄油柠檬少司鱼排的制作

2.1.4 三级 / 高级职业技能培训要求

职业功能模块	培训内容	技能目标	培训细目
1. 原料加工	1-1 原料腌渍	1-1-1 能腌渍鸡、鸭等禽类原料	(1) 一般烹制方法的禽肉腌渍 (2) 用于烧烤的禽肉腌渍
		1-1-2 能腌渍牛肉、羊肉等畜类原料	(1) 小牛肉的腌渍 (2) 成年牛肉、羊肉的腌渍
	1-2 原料成形	1-2-1 能对禽类进行烧烤前的捆扎成形	禽类的捆扎成形
		1-2-2 能对畜类进行烧烤前的捆扎成形	(1) 小份牛排的捆扎成形 (2) 烤牛排的捆扎成形 (3) 烤羊肉的捆扎成形

续表

职业功能模块	培训内容	技能目标	培训细目
2. 冷菜烹调	2-1 冷菜调味汁制作	2-1-1 能用奶酪制作调味汁	蓝奶酪汁的制作
		2-1-2 能用新鲜香料制作调味汁	（1）薄荷汁的制作 （2）罗勒酱的制作
		2-1-3 能用芥末酱、芥末粉制作调味汁	芥末调味汁的制作
	2-2 冷菜加工与拼摆	2-2-1 能用烟熏方法制作三文鱼	烟熏三文鱼的制作
		2-2-2 能用两种以上海鲜制作海鲜拼盘	海鲜什锦盘的制作
		2-2-3 能制作海鲜塔林	海鲜塔林的制作
		2-2-4 能制作禽类派	冷鸡肉派的制作
		2-2-5 能制作鹅肝酱	法式鹅肝酱的制作
3. 热菜烹调	3-1 汤类制作	3-1-1 能制作蔬菜茸汤	（1）胡萝卜茸汤的制作 （2）南瓜茸汤的制作
		3-1-2 能制作豆类茸汤	（1）青豆茸汤的制作 （2）芸豆茸汤的制作
		3-1-3 能制作鸡肉、牛肉清汤	（1）清汤菜丝的制作 （2）曙光清汤的制作 （3）清汤鸡丝豌豆的制作
	3-2 少司制作	3-2-1 能制作芝士少司	切打少司的制作
		3-2-2 能制作芥末少司	芥末奶油少司的制作
		3-2-3 能制作蔬果少司	（1）蔬菜茸少司的制作 （2）水果茸少司的制作
		3-2-4 能制作黄油少司	（1）荷兰少司的制作 （2）荷兰少司的子少司的制作
	3-3 热菜制作	3-3-1 能用烤的烹调方法制作火鸡、整鹅、乳猪、羊腿、牛排等现场切割菜肴	（1）烤火鸡的制作 （2）烤鹅的制作 （3）烤乳猪的制作 （4）香草烤羊腿的制作 （5）烤牛外脊的制作

续表

职业功能模块	培训内容	技能目标	培训细目
3. 热菜烹调	3-3 热菜制作	3-3-2 能用煎的烹调方法制作鹅肝、鸭肝菜肴	（1）苹果煎鹅肝的制作 （2）煎肥鸭肝的制作
		3-3-3 能用焖的烹调方法制作禽类菜肴	奶油龙蒿焖鸡的制作
		3-3-4 能用扒的烹调方法制作牛排、羊排、猪排、鱼柳等菜肴	（1）铁扒牛外脊的制作 （2）铁扒羊排的制作 （3）铁扒猪排的制作 （4）铁扒鳕鱼的制作
		3-3-5 能用焗的烹调方法制作海鲜类菜肴	（1）番茄焗鱼片的制作 （2）焗生菜牡蛎卷的制作 （3）培根焗鲜贝的制作
		3-3-6 能用蒸的烹调方法制作贝壳类菜肴	（1）蒸酿鱿鱼的制作 （2）蒸牡蛎配香槟少司的制作
		3-3-7 能用混合烹调方法制作石斑鱼、龙虾、蜗牛等菜肴	（1）焗时蔬石斑鱼卷的制作 （2）芝士龙虾的制作 （3）焗蜗牛的制作

2.1.5 二级 / 技师职业技能培训要求

职业功能模块	培训内容	技能目标	培训细目
1. 原料加工	1-1 原料加工	1-1-1 能对禽类进行整体脱骨	（1）整鸡的脱骨 （2）鹌鹑的脱骨 （3）鸽子的脱骨
		1-1-2 能加工海鲜卷	（1）比目鱼卷的加工 （2）三文鱼卷的加工
	1-2 原料腌渍	1-2-1 能腌渍风味禽类产品	（1）珍珠鸡的腌渍 （2）乳鸽的腌渍 （3）火鸡的腌渍
		1-2-2 能腌渍烟熏海鲜产品	（1）烟熏三文鱼的腌渍 （2）烟熏马鲛鱼的腌渍

续表

职业功能模块	培训内容	技能目标	培训细目
2. 冷菜烹调	2-1 冷菜调味汁制作	2-1-1 能制作海鲜调味汁	（1）鸡尾少司的制作 （2）渔夫少司的制作
		2-1-2 能制作水果调味汁	（1）牛油果少司的制作 （2）杧果少司的制作
		2-1-3 能用坚果制作调味汁	（1）松子酱的制作 （2）腰果酱的制作
		2-1-4 能用日本调味料制作调味汁	（1）山葵蛋黄酱的制作 （2）味噌汁的制作 （3）海胆酱的制作
	2-2 冷菜加工与拼摆	2-2-1 能用肉类、海鲜、水果制作色拉	（1）华道夫色拉的制作 （2）尼斯色拉的制作
		2-2-2 能制作日式刺身拼盘	什锦海鲜刺身拼盘的制作
		2-2-3 能制作镜面水果	镜面餐具什锦水果拼盘的制作
		2-2-4 能制作果雕装饰	（1）西瓜雕的制作 （2）南瓜雕的制作 （3）橙雕的制作
3. 热菜烹调	3-1 汤类制作	3-1-1 能制作鹿肉等清汤	（1）鹿肉清汤的制作 （2）兔肉清汤的制作
		3-1-2 能制作菌菇类茸汤	蘑菇茸汤的制作
		3-1-3 能用分子料理胶囊技术制作奶油蔬菜汤	奶油菠菜汤胶囊的制作
	3-2 少司制作	3-2-1 能用黑菌制作少司	黑菌少司的制作
		3-2-2 能用松茸制作少司	松茸少司的制作
		3-2-3 能用酒制作少司	（1）香槟少司的制作 （2）马德拉少司的制作 （3）茴香酒少司的制作
		3-2-4 能用分子料理泡沫技术制作少司	（1）西洋菜泡沫少司的制作 （2）红酒泡沫少司的制作

续表

职业功能模块	培训内容	技能目标	培训细目
3. 热菜烹调	3-3 热菜制作	3-3-1 能用烤的烹调方法制作填馅整鸡、填馅火鸡、填馅乳猪等	（1）烤填馅鸡的制作 （2）烤填馅火鸡的制作 （3）烤填馅乳猪的制作
		3-3-2 能用烤的烹调方法制作酥皮包裹的肉类和鱼类菜肴	（1）惠灵顿牛肉的制作 （2）烤酥皮比目鱼卷的制作
		3-3-3 能用油浸的烹调方法制作禽类菜肴	（1）油浸乳鸽的制作 （2）油浸鸭胸的制作
		3-3-4 能用烩的烹调方法制作鹿肉等菜肴	（1）皇家烩兔肉的制作 （2）红酒烩鹿肉的制作
		3-3-5 能用隔水烤的方法制作蔬菜慕斯、海鲜慕斯、禽类慕斯等菜肴	（1）茄子慕斯的制作 （2）三色海鲜慕斯的制作 （3）鸡肉慕斯的制作
		3-3-6 能用低温慢煮的烹调方法制作牛肉、羊肉、海鲜等菜肴	（1）低温西冷牛排的制作 （2）低温法式羊排薄荷少司的制作 （3）低温金枪鱼的制作
	3-4 甜品制作	3-4-1 能制作水果派	（1）苹果派的制作 （2）柠檬派的制作
		3-4-2 能制作蛋挞	（1）甜酥蛋挞的制作 （2）葡式蛋挞的制作
		3-4-3 能制作布丁	（1）面包布丁的制作 （2）焦糖布丁的制作 （3）圣诞布丁的制作
4. 菜单设计	4-1 套餐菜单设计	4-1-1 能按原料价格及营养平衡编制西式三道套餐菜单	不同价格西式三道套餐菜单的组合设计
		4-1-2 能按原料价格及营养平衡编制西式五道套餐菜单	不同价格西式五道套餐菜单的组合设计
	4-2 季节菜单设计	4-2-1 能按不同季节编制时令菜单	（1）制定春季时令菜单 （2）制定夏季时令菜单 （3）制定秋季时令菜单 （4）制定冬季时令菜单

续表

职业功能模块	培训内容	技能目标	培训细目
4. 菜单设计	4-2 季节菜单设计	4-2-2 能按不同季节编制美食节菜单	（1）制定春季美食节菜单 （2）制定夏季美食节菜单 （3）制定秋季美食节菜单 （4）制定冬季美食节菜单
	4-3 点菜菜单设计	4-3-1 能按毛利率要求设计点餐菜单	不同毛利率点餐菜单的组合设计
		4-3-2 能按毛利率要求设计酒会菜单	不同毛利率酒会菜单的组合设计
5. 指导与创新	5-1 培训指导	5-1-1 能对三级 / 高级工及以下员工进行技术指导	（1）技术指导方案的撰写 （2）技术指导的实施
		5-1-2 能对三级 / 高级工及以下员工的岗位操作技能进行分析和总结	（1）三级 / 高级工及以下员工的岗位操作技能分析 （2）三级 / 高级工及以下员工的岗位操作技能总结 （3）三级 / 高级工及以下员工的岗位操作技能标准制定
		5-1-3 能对三级 / 高级工及以下员工进行厨房英语培训	（1）西餐厨房英语教学内容 （2）西餐厨房英语教学方法
	5-2 工艺创新	5-2-1 能对传统菜肴进行改良创新	传统菜肴改良创新的途径
		5-2-2 能用新原料、新设备进行菜肴开发	（1）采用新原料进行菜肴开发 （2）采用新设备进行菜肴开发
		5-2-3 能将当地食材有机融合到传统菜肴中	（1）利用当地原料与传统菜肴有机融合 （2）利用当地调料、辅料与传统菜肴有机融合

2.1.6　一级 / 高级技师职业技能培训要求

职业功能模块	培训内容	技能目标	培训细目
1. 经典菜肴制作与创新	1-1　经典菜肴制作	1-1-1　能制作欧美经典菜肴	（1）经典法国菜的制作 （2）经典意大利菜的制作 （3）经典英国菜的制作 （4）经典美国菜的制作 （5）经典俄罗斯菜的制作 （6）经典德国菜的制作
		1-1-2　能制作亚洲经典菜肴	（1）经典日本菜的制作 （2）经典韩国菜的制作 （3）经典泰国菜的制作 （4）经典新加坡菜的制作 （5）经典马来西亚菜的制作 （6）经典越南菜的制作 （7）经典印度尼西亚菜的制作 （8）经典印度菜的制作
		1-1-3　能解决制作菜肴过程中的技术难题	（1）发现菜肴存在的技术难题 （2）对技术难题进行分析 （3）提出技术难题解决措施
	1-2　菜肴创新	1-2-1　能对自己擅长的菜系进行分析	擅长菜系的分析
		1-2-2　能对自己擅长的菜系进行创新	（1）利用新工艺创新菜肴 （2）利用新原料创新菜肴 （3）利用新调料创新菜肴 （4）利用新设备创制新菜肴
2. 宴会设计与菜单制定	2-1　宴会与酒会的摆台设计与装饰	2-1-1　能设计制作黄油雕	黄油雕的设计制作
		2-1-2　能设计制作冰雕	冰雕的设计制作
		2-1-3　能选择合适的器皿呈现菜肴	器皿与菜肴的搭配
		2-1-4　能对酒会摆台进行设计与装饰	（1）酒会台面与台形设计 （2）酒会摆台设计与装饰
		2-1-5　能对宴会摆台进行设计与装饰	（1）不同主题宴会的摆台设计 （2）不同主题宴会的装饰
	2-2　菜单制定	2-2-1　能制定主题餐厅菜单	（1）咖啡厅菜单的制定 （2）扒房菜单的制定 （3）快餐厅菜单的制定 （4）客房送餐菜单的制定
		2-2-2　能制定宴会菜单	（1）传统宴会菜单的制定 （2）自助式宴会菜单的制定

续表

职业功能模块	培训内容	技能目标	培训细目
2. 宴会设计与菜单制定	2-2　菜单制定	2-2-3　能制定美食节菜单	（1）时令美食节菜单的制定 （2）风味美食节菜单的制定 （3）主题美食节菜单的制定
		2-2-4　能编制、书写英语菜单	（1）英语主题餐厅菜单的编制、书写 （2）英语宴会菜单的编制、书写 （3）英语美食节菜单的编制、书写
3. 厨房管理	3-1　人员配备	3-1-1　能制订厨房的组织结构及能按经营要求对厨房人员进行调配	（1）厨房组织结构的设置 （2）厨房各岗位人员的调配
		3-1-2　能制定厨房人员的岗位职责	（1）厨师长岗位职责的制定 （2）初加工岗位职责的制定 （3）冷厨房岗位职责的制定 （4）热厨房岗位职责的制定 （5）点心房岗位职责的制定
	3-2　宴会安排	3-2-1　能安排西式套餐、自助餐等形式的宴会	（1）宴会菜肴制作实施方案的编制 （2）宴会服务方案的实施
		3-2-2　能按宴会要求设计布置展台	（1）重大活动主题性展台的设计 （2）主题性展台美化、装饰
	3-3　成本控制与食品管理	3-3-1　能控制食品成本	（1）厨房加工过程的成本控制 （2）厨房配制过程的成本控制 （3）厨房烹调过程的成本控制
		3-3-2　能根据《中华人民共和国食品安全法》的相关规定在食品加工环节中控制食品卫生和安全	（1）对初加工岗位的卫生和安全控制 （2）对冷菜岗位的卫生和安全控制 （3）对热菜岗位的卫生和安全控制 （4）对点心岗位的卫生和安全控制
		3-3-3　能运用 HACCP 进行危险管控	（1）HACCP 危害分析 （2）HACCP 关键控制点的确定 （3）制定 HACCP 计划表
	3-4　厨房布局	3-4-1　能根据餐厅面积合理布局厨房	（1）影响厨房位置的因素的分析 （2）影响厨房面积的因素的分析
		3-4-2　能根据餐厅经营要求对厨房设备设施进行配置	（1）西餐厨房布局 （2）西餐厨房的设备配置
4. 指导与创新	4-1　培训	4-1-1　能编制本专业培训计划	（1）培训计划的编写 （2）培训的实施
		4-1-2　能对二级 / 技师及以下员工进行技术指导	（1）技术指导方案的撰写 （2）技术指导的实施
		4-1-3　能对二级 / 技师及以下员工进行厨房英语及听说培训	（1）英语教学内容多媒体课件的制作 （2）多媒体课件的教学运用
	4-2　技术研究	4-2-1　能对西式烹调行业的工艺难题进行研究	对行业工艺难题进行研究分析并提出解决方案
		4-2-2　能撰写本专业技术研究总结	专业技术研究论文的撰写

2.2 课程规范

2.2.1 职业基本素质培训课程规范

模块	课程	学习单元	课程内容	培训建议	课堂学时
1. 职业认知与职业道德	1–1 职业认知	职业认知	1）西餐职业认知 2）西式烹调师的工作内容	（1）方法：讲授法 （2）重点与难点：西式烹调师的工作内容	1
	1–2 职业道德基本知识与职业守则	职业道德基本知识与职业守则	1）道德 ①道德的含义 ②维持道德的依据 ③公民道德规范 ④社会主义核心价值观 2）职业道德 ①职业道德的概念 ②各行业共同的道德内容 ③服务态度、服务质量、职业道德三者的关系 ④加强职业道德修养 3）职业守则 ①忠于职守，爱岗敬业 ②讲究质量，注重信誉 ③遵纪守法，讲究公德 ④尊师爱徒，团结协作 ⑤积极进取，开拓创新	（1）方法：讲授法、案例教学法 （2）重点与难点：加强职业道德修养	1
2. 烹饪原料基础知识	2–1 原料的概述	西餐原料的概述	1）烹饪原料的概念 2）原料的分类方法 3）原料的特点	（1）方法：讲授法、案例教学法 （2）重点与难点：原料的特点	1
	2–2 原料的特性	原料的特性	1）粮食原料的特性 2）果蔬原料的特性 3）畜类原料的特性 4）禽类原料的特性 5）水产品原料的特性 6）其他原料的特性	（1）方法：讲授法、案例教学法 （2）重点：果蔬原料的特性 （3）难点：水产品原料的特性	1

续表

模块	课程	学习单元	课程内容	培训建议	课堂学时
2. 烹饪原料基础知识	2-3 原料的选择与鉴别	原料的选择与鉴定	1）粮食原料的选择与鉴定 2）果蔬原料的选择与鉴定 3）畜类原料的选择与鉴定 4）禽类原料的选择与鉴定 5）水产品原料的选择与鉴定 6）其他原料的选择与鉴定	（1）方法：讲授法、案例教学法 （2）重点：水产品原料的选择与鉴定 （3）难点：畜类原料的选择与鉴定	1
	2-4 原料的保管与储藏	原料的保管与储藏	1）粮食原料的保管与储藏 2）果蔬原料的保管与储藏 3）畜类原料的保管与储藏 4）禽类原料的保管与储藏 5）水产品原料的保管与储藏 6）其他原料的保管与储藏	（1）方法：讲授法、案例教学法 （2）重点：水产类原料的保管与储藏 （3）难点：果蔬类原料的保管与储藏	1
3. 饮食营养知识	3-1 食物的消化与吸收	（1）食物的消化与食物的吸收	1）人体消化系统的概述 2）食物的消化 3）食物的吸收	（1）方法：讲授法 （2）重点：消化腺和消化道各个器官 （3）难点：各类营养素不同的消化场所	1
		（2）食物消化吸收与烹饪的关系	1）烹饪对食物消化吸收的影响 2）合理烹饪 ①烹饪原料选择与搭配的原则 ②选择合理的烹饪方法	（1）方法：讲授法、案例教学法 （2）重点与难点：对不同的烹饪原料选择合理的烹饪方法	1

续表

模块	课程	学习单元	课程内容	培训建议	课堂学时
3. 饮食营养知识	3–2 人体必需的营养素	六大营养素	1）蛋白质的基础知识 2）脂类的基础知识 3）碳水化合物的基础知识 4）维生素的基础知识 5）矿物质的基础知识 6）水的基础知识	（1）方法：讲授法 （2）重点与难点：各类营养素的生理功能、膳食来源及推荐摄入量	1
	3–3 原料的营养价值	（1）植物性原料营养价值	1）粮食原料的营养价值 2）果蔬原料的营养价值	（1）方法：讲授法 （2）重点与难点：各类植物性原料的营养价值	1
		（2）动物性原料营养价值	1）畜类原料的营养价值 2）禽类原料的营养价值 3）水产品原料的营养价值 4）其他原料的营养价值	（1）方法：讲授法 （2）重点与难点：各类动物性原料的营养价值	1
	3–4 平衡膳食	（1）平衡膳食	1）平衡膳食的概念 2）平衡膳食的要求	（1）方法：讲授法 （2）重点与难点：平衡膳食的具体要求	1
		（2）中国居民膳食指南	1）一般人群膳食指南 2）中国居民平衡膳食宝塔	（1）方法：讲授法 （2）重点与难点：中国居民平衡膳食宝塔	1
4. 食品卫生	4–1 食品污染及预防	（1）食品污染的概念及类型	1）食品污染的概念 2）食品污染的类型 ①生物性污染 ②化学性污染 ③物理性污染	（1）方法：讲授法 （2）重点与难点：食品污染的概念及分类	1

续表

模块	课程	学习单元	课程内容	培训建议	课堂学时
4. 食品卫生	4-1 食品污染及预防	（2）各类食品污染及其预防	1）食品的生物性污染及其预防 ①微生物污染及其预防 ②寄生虫污染及其预防 2）食品的化学性污染及其预防 ①金属毒物污染及其预防 ②残留物、禁用物污染及其预防 ③加工造成的污染及其预防 3）食品的物理性污染及其预防 ①异物污染及其预防 ②放射性污染及其预防	（1）方法：讲授法、案例教学法 （2）重点：各类食品污染及预防措施 （3）难点：食品微生物污染	1
	4-2 食物中毒及预防	（1）食源性疾病与食物中毒	1）食源性疾病 2）食物中毒的概念及特点	（1）方法：讲授法 （2）重点：食物中毒的概念及分类 （3）难点：食源性疾病与食物中毒的关联与区别	1
		（2）食物中毒的类型	1）细菌性食物中毒 2）真菌性食物中毒 3）有毒动、植物食物中毒	（1）方法：讲授法、案例教学法 （2）重点与难点：各类食物中毒的特点与预防措施	1
		（3）食物中毒事故的处理	1）食物中毒的一般急救处理 2）食物中毒调查处理程序与方法	（1）方法：讲授法 （2）重点与难点：食物中毒事故的处理方法	1
	4-3 烹饪原料的卫生与安全	各类原料的卫生	1）粮食原料的卫生与安全 2）果蔬原料的卫生与安全 3）畜类原料的卫生与安全 4）禽类原料的卫生与安全 5）水产品原料的卫生与安全 6）其他原料的卫生与安全	（1）方法：讲授法、案例教学法 （2）重点与难点：各类烹饪原料的卫生与安全问题	1

续表

模块	课程	学习单元	课程内容	培训建议	课堂学时
4. 食品卫生	4-4 烹饪工艺的卫生与安全	(1) 原料初加工工艺卫生与安全	1) 烹饪原料初加工的一般卫生要求 2) 常用原料的初加工卫生	(1) 方法: 讲授法 (2) 重点与难点: 各种初加工工艺可能出现的卫生与安全问题及预防措施	1
		(2) 烹饪制作卫生与安全	1) 冷菜制作的卫生与安全 2) 热菜制作的卫生与安全	(1) 方法: 讲授法 (2) 重点与难点: 各种烹饪工艺可能出现的卫生与安全问题及预防措施	1
	4-5 饮食卫生要求	(1) 个人卫生	1) 保持手的经常性清洁卫生 2) 保持饮食操作卫生 3) 保持个人仪容仪表整洁	(1) 方法: 讲授法、实训教学法 (2) 重点与难点: 个人卫生的保持	1
		(2) 餐饮企业的环境卫生	1) 餐厅的卫生要求 2) 厨房的卫生要求	(1) 方法: 讲授法 (2) 重点与难点: 餐饮企业环境卫生的要求	1
		(3) 食品生产、储存、销售过程的卫生要求	1) 食品生产的卫生要求 2) 食品储存的卫生要求 3) 食品销售的卫生要求	(1) 方法: 讲授法 (2) 重点与难点: 各环节的卫生要求	1
5. 厨房安全知识	5-1 安全用电知识	(1) 厨房安全用电	1) 厨房安全用电的概念 2) 厨房安全用电的意义 3) 厨房安全用电制度	(1) 方法: 讲授法、案例教学法 (2) 重点与难点: 厨房安全用电制度	1
		(2) 触电的现场救护	1) 触电的简单诊断 2) 触电的现场救护方法	(1) 方法: 讲授法、案例教学法 (2) 重点与难点: 触电的现场救护方法	1

续表

模块	课程	学习单元	课程内容	培训建议	课堂学时
5. 厨房安全知识	5-2 防火防爆与安全知识	（1）防火知识	1）火灾的预防 ①由燃料引起的火灾的预防 ②由电器引起的火灾的预防 2）灭火的措施 ①由燃料引起的火灾的灭火方法 ②由电器引起的火灾的灭火方法	（1）方法：讲授法、案例教学法 （2）重点与难点：火灾的预防	1
		（2）防爆知识	1）燃气爆炸的预防 2）微波炉爆炸的预防 3）高压锅爆炸的预防	（1）方法：讲授法、案例教学法 （2）重点与难点：燃气爆炸的预防	1
	5-3 设备、工具的安全使用与保养	（1）设备的安全使用与保养	1）厨房加工设备的安全使用与保养 ①切片机 ②搅拌机 ③绞肉机 2）厨房加热设备的安全使用与保养 ①炉台 ②蒸烤箱 ③电磁灶 3）厨房其他设备的安全使用与保养 ①电热开水器 ②制冷设备	（1）方法：讲授法、案例教学法 （2）重点：厨房加工设备的安全使用与保养 （3）难点：厨房加热设备的安全使用与保养	1
		（2）工具的安全使用与保养	1）刀具的安全使用与保养 2）砧板的安全使用与保养 3）锅具的安全使用与保养	（1）方法：讲授法、案例教学法 （2）重点与难点：刀具和砧板的安全使用与保养	1
6. 相关法律、法规知识	6-1 法律知识	法律知识	1）《中华人民共和国劳动法》 2）《中华人民共和国食品安全法》 3）《中华人民共和国环境保护法》	（1）方法：讲授法、案例教学法 （2）重点与难点：《中华人民共和国食品安全法》	1

续表

模块	课程	学习单元	课程内容	培训建议	课堂学时
6. 相关法律、法规知识	6-2 法规知识	法规知识	1）《食品生产许可管理办法》 2）《餐饮业和集体用餐配送单位卫生规范》	（1）方法：讲授法、案例教学法 （2）重点与难点：《食品生产许可管理办法》	1
课堂学时合计					32

2.2.2 五级 / 初级职业技能培训课程规范

模块	课程	学习单元	课程内容	培训建议	课堂学时
1. 岗前准备	个人、工作环境及工具准备	个人、工作环境及工具准备	1）个人准备 ①个人卫生 ②工服的穿戴 ③仪容仪表 ④熟悉工作任务 2）工作环境准备 ①卫生检查 ②安全检查 ③环境问题 3）工具准备 ①各岗位工具准备 ②各岗位配套盛具准备	（1）方法：讲授法、演示法 （2）重点：工服穿戴、个人仪容仪表 （3）难点：各岗位工具准备	1
2. 原料加工	2-1 植物性原料加工	（1）蔬菜的清洗、切削	1）蔬菜原料加工的一般原则 2）蔬菜原料的初步加工方法 ①叶菜类 ②根茎类 ③瓜果类 ④花菜类 ⑤豆类	（1）方法：讲授法、演示法 （2）重点：蔬菜原料加工的一般原则 （3）难点：叶菜类蔬菜的初步加工方法	1

续表

模块	课程	学习单元	课程内容	培训建议	课堂学时
2. 原料加工	2-1 植物性原料加工	（2）蔬菜的切割成形	1）菜丝的切法 ①切顺丝 ②切横丝 例：洋葱丝、甜椒丝 2）蔬菜碎末的切法 例：洋葱末、蒜末、欧芹末 3）蔬菜丁的切法 ①小方粒 ②方丁 ③粗块 4）蔬菜片的切法 例：胡萝卜片、土豆片、番茄片 5）土豆条的切法 ①细薯丝 ②薯棍 ③直身薯条 ④波浪薯条 ⑤扒房薯条 6）橄榄形蔬菜的切削 ①小橄榄 ②英式橄榄 ③波都式橄榄	（1）方法：讲授法、演示法 （2）重点：菜丝的切法 （3）难点：橄榄形蔬菜的切削	1
	2-2 动物性原料加工	（1）鱼类宰杀、清洗	1）去鳞、鳃、鳍 2）摘除内脏 ①剖腹摘取 ②鱼鳃部摘取 3）去沙 4）剥皮 5）泡烫 6）鱼类宰杀、清洗实例	（1）方法：讲授法、演示法 （2）重点：摘除内脏 （3）难点：去沙	1

续表

模块	课程	学习单元	课程内容	培训建议	课堂学时
2. 原料加工	2–2 动物性原料加工	(2) 猪排、鸡排、鱼排的切割	1) 原料解冻概述 ①解冻原理与要求 ②解冻方法 2) 猪排的切割 ①带骨猪排的切割 ②无骨猪排的切割 3) 鸡排的切割 4) 鱼排的切割	(1) 方法: 讲授法、演示法 (2) 重点: 鸡排的切割 (3) 难点: 带骨猪排的切割	2
3. 冷菜烹调	3–1 冷菜调味汁制作	(1) 蛋黄酱的制作与保存	1) 蛋黄酱的制作原理 2) 蛋黄酱的制作 ①原料 ②工艺流程 ③质量标准 ④制作要点 3) 蛋黄酱的保存方法	(1) 方法: 讲授法、演示法 (2) 重点: 蛋黄酱的制作 (3) 难点: 蛋黄酱的质量标准	1
		(2) 油醋汁的制作与保存	1) 油醋汁的制作原理 2) 油醋汁的制作 ①原料 ②工艺流程 ③质量标准 ④制作要点 3) 油醋汁的保存方法	(1) 方法: 讲授法、演示法 (2) 重点: 油醋汁的制作 (3) 难点: 油醋汁的质量标准	1
		(3) 蔬果莎莎汁的制作与保存	1) 蔬果莎莎汁的制作原理 2) 蔬果莎莎汁的制作 ①原料 ②工艺流程 ③质量标准 ④制作要点 3) 蔬果莎莎汁的保存方法 4) 蔬果莎莎汁的制作实例	(1) 方法: 讲授法、演示法 (2) 重点: 蔬果莎莎汁的制作 (3) 难点: 蔬果莎莎汁的质量标准	1

续表

模块	课程	学习单元	课程内容	培训建议	课堂学时
3. 冷菜烹调	3-2 色拉制作	（1）色拉的概述	1）色拉的概念 2）色拉的组成 3）色拉的种类 4）色拉菜的选用与加工 5）色拉的质量标准 6）色拉的装盘方法	（1）方法：讲授法 （2）重点：色拉菜的选用与加工 （3）难点：色拉的质量标准	1
		（2）生菜色拉的制作	1）生菜色拉的制作原理 2）生菜色拉的制作 ①原料 ②工艺流程 ③质量标准 ④制作要点 3）生菜色拉的保存方法 4）生菜色拉制作实例	（1）方法：讲授法、演示法 （2）重点：生菜色拉工艺流程 （3）难点：生菜色拉制作要点	1
		（3）水果色拉的制作	1）水果色拉的制作原理 2）水果色拉的制作 ①原料 ②工艺流程 ③质量标准 ④制作要点 3）水果色拉的保存方法 4）水果色拉制作实例	（1）方法：讲授法、演示法 （2）重点：水果色拉工艺流程 （3）难点：水果色拉制作要点	1

续表

模块	课程	学习单元	课程内容	培训建议	课堂学时
3. 冷菜烹调	3-2 色拉制作	(4) 土豆色拉的制作	1）土豆色拉的制作原理 2）土豆色拉的制作 ①原料 ②工艺流程 ③质量标准 ④制作要点 3）土豆色拉的保存方法 4）土豆色拉制作实例	(1) 方法：讲授法、演示法 (2) 重点：土豆色拉工艺流程 (3) 难点：土豆色拉制作要点	1
	3-3 三明治烹饪	(1) 三明治的概述	1）三明治的构成 2）三明治的种类 3）三明治的原料选择 ①面包种类与选用 ②涂抹酱 ③夹心 4）三明治制作的基础准备工作 5）三明治的成形与装盘 6）三明治的配菜	(1) 方法：讲授法、 (2) 重点：三明治的原料 (3) 难点：三明治成形与装盘	1
		(2) 热三明治的制作	1）热封口式三明治 ①基本类 ②铁扒类 ③油炸类 2）热开口式三明治 3）热三明治制作实例	(1) 方法：讲授法、演示法 (2) 重点：铁扒类三明治的制作 (3) 难点：油炸类三明治的制作	1
		(3) 冷三明治的制作	1）冷封口式三明治 ①基本类 ②多层类 ③茶用类 2）冷开口式三明治 3）冷三明治制作实例	(1) 方法：讲授法、演示法 (2) 重点：多层类三明治的制作 (3) 难点：茶用类三明治的制作	1

续表

模块	课程	学习单元	课程内容	培训建议	课堂学时
4. 热菜烹调	4–1 基础汤制作	（1）基础汤的概述	1）基础汤的概念 2）基础汤的类型 ①白色基础汤 ②布朗基础汤 ③鱼基础汤 ④蔬菜基础汤 3）基础汤原料选择与加工 ①骨头 ②蔬菜、香料 ③调味料 4）基础汤的制作要点 5）基础汤的保存方法	（1）方法：讲授法 （2）重点：基础汤的原料选择 （3）难点：基础汤的制作要点	1
		（2）牛骨汤的制作	1）牛白色基础汤的制作 ①原料 ②工艺流程 ③质量标准 ④制作要点 2）牛布朗基础汤的制作 ①原料 ②工艺流程 ③质量标准 ④制作要点	（1）方法：讲授法、演示法 （2）重点：牛布朗基础汤的原料 （3）难点：牛布朗基础汤制作的工艺流程	1
		（3）鸡骨汤的制作	1）鸡白色基础汤的制作 ①原料 ②工艺流程 ③质量标准 ④制作要点 2）鸡布朗基础汤的制作 ①原料 ②工艺流程 ③质量标准 ④制作要点	（1）方法：讲授法、演示法 （2）重点：鸡白色基础汤的原料 （3）难点：鸡白色基础汤制作的工艺流程	1

续表

模块	课程	学习单元	课程内容	培训建议	课堂学时
4. 热菜烹调	4-1 基础汤制作	（4）鱼骨汤的制作	鱼基础汤的制作 1）原料 2）工艺流程 3）质量标准 4）制作要点	（1）方法：讲授法、演示法 （2）重点：鱼基础汤的原料 （3）难点：鱼基础汤制作的工艺流程	1
	4-2 少司制作	（1）少司基础知识	1）少司的概念 2）少司的组成 ①原汤、牛奶或融化的黄油等液体 ②稠化剂 ③调味品 3）少司的作用 4）少司的分类 5）少司的收尾处理技术 6）少司的保存方法	（1）方法：讲授法、 （2）重点：少司的组成 （3）难点：少司的收尾处理技术	1
		（2）布朗少司的制作	布朗少司的制作 1）原料 2）工艺流程 3）质量标准 4）制作要点	（1）方法：讲授法、演示法 （2）重点：布朗少司的原料 （3）难点：布朗少司的质量标准	1
		（3）白色基础少司的制作	1）贝夏梅尔少司的制作 ①原料 ②工艺流程 ③质量标准 ④制作要点 2）瓦鲁迪少司的制作 ①原料 ②工艺流程 ③质量标准 ④制作要点	（1）方法：讲授法、演示法 （2）重点：贝夏梅尔少司的制作 （3）难点：贝夏梅尔少司的质量标准	1
		（4）番茄少司的制作	番茄少司的制作 1）原料 2）工艺流程 3）质量标准 4）制作要点	（1）方法：讲授法、演示法 （2）重点：番茄少司的制作 （3）难点：番茄少司的质量标准	1

续表

模块	课程	学习单元	课程内容	培训建议	课堂学时
4. 热菜烹调	4-3 热菜加工	（1）用炸的烹调方法制作猪排、鸡排、鱼排等菜肴	1）炸的概念 2）炸的类型 ①清炸 ②面包粉炸 ③挂糊炸 3）面糊的类型 ①英式面糊 ②法式面糊 ③一般面糊 4）炸油的选择 5）炸的特点与适用范围 6）炸前准备 ①调味 ②裹粉 ③挂糊 7）炸的工艺流程 8）炸的成熟度的判断 9）炸的制作要点 10）成品的质量标准 11）炸制猪排、鸡排、鱼排等菜肴的制作实例	（1）方法：讲授法、演示法 （2）重点：炸的工艺流程 （3）难点：炸的成熟度的判断	4
		（2）用煎的烹调方法制作汉堡包、热狗等菜肴	1）煎的概念 2）煎的类型 ①清煎 ②裹面粉煎 ③蘸蛋液煎 ④蘸面包粉煎 3）煎的特点与适用范围 4）煎的制作要点 5）煎制汉堡包、热狗等菜肴的制作实例	（1）方法：讲授法、演示法 （2）重点：煎的类型 （3）难点：煎的制作要点与注意事项	4

续表

模块	课程	学习单元	课程内容	培训建议	课堂学时
4. 热菜烹调	4-3 热菜加工	(3) 用烤的烹调方法制作鸡翅、鸡腿等菜肴	1) 烤的概念 2) 烤的温度范围 3) 烤的特点与适用范围 4) 烤的制作要点 5) 烤制鸡翅、鸡腿等菜肴的制作实例	(1) 方法: 讲授法、演示法 (2) 重点: 烤的温度范围 (3) 难点: 烤的制作要点	4
		(4) 配菜知识	1) 配菜的概念 2) 配菜的作用 3) 配菜的使用和规则 4) 配菜与主菜的搭配 5) 配菜的分类	(1) 方法: 讲授法 (2) 重点: 配菜的使用与规则 (3) 难点: 配菜与主菜的搭配	1
		(5) 用炒的烹调方法制作蔬菜类、淀粉类配菜菜肴	1) 炒的概念 2) 炒的特点与适用范围 3) 炒的操作方法 4) 炒的制作要点 5) 炒制蔬菜类、淀粉类配菜菜肴的制作实例	(1) 方法: 讲授法、演示法 (2) 重点: 炒的操作方法 (3) 难点: 炒的制作要点	4
		(6) 用煮的烹调方法制作蛋类菜肴	1) 温煮概述 ①概念 ②温度范围 ③特点 ④适用范围 ⑤制作要点 2) 温煮制蛋类菜肴制作实例 3) 沸煮概述 ①概念 ②沸煮的传热介质 ③温度范围 ④特点 ⑤适用范围 ⑥制作要点 4) 沸煮制蛋类菜肴制作实例	(1) 方法: 讲授法、演示法 (2) 重点: 温煮的温度范围 (3) 难点: 温煮的制作要点	4
课堂学时合计					45

2.2.3 四级 / 中级职业技能培训课程规范

模块	课程	学习单元	课程内容	培训建议	课堂学时
1. 原料加工	1–1 动物性原料的粗加工	（1）鱼类剔鱼柳及分档取料	1）半圆形鱼类剔鱼柳及分档取料 2）平鱼类剔鱼柳及分档取料	（1）方法：讲授法、演示法 （2）重点：半圆形鱼类剔鱼柳及分档取料 （3）难点：平鱼类剔鱼柳及分档取料	1
		（2）禽类的分档取料	1）禽肉的分割 ①两大块分割法 ②四大块分割法 ③八大块分割法 2）鸡排的加工 3）鸽子和鹌鹑的分档取料	（1）方法：讲授法、演示法 （2）重点：禽肉的八大块分割法 （3）难点：鸡排的加工	1
		（3）虾蟹类、贝壳类、软体类的粗加工	1）虾蟹类的粗加工 ①大虾的粗加工 ②龙虾的粗加工 ③蟹的粗加工 2）贝壳类、软体类的粗加工 ①牡蛎的粗加工 ②贻贝的粗加工 ③扇贝的粗加工 ④鱿鱼的粗加工	（1）方法：讲授法、演示法 （2）重点：龙虾的粗加工 （3）难点：牡蛎的粗加工	1
	1–2 动物性原料的精加工	（1）带骨羊排的切割成形	1）肋骨羊排的切割成形 2）格利羊排的切割成形 3）羊马鞍切割成形	（1）方法：讲授法、演示法 （2）重点：肋骨羊排的切割成形 （3）难点：格利羊排的切割成形	1
		（2）不带骨羊排的切割成形	1）腰脊羊排的切割成形 2）里脊羊排的切割成形	（1）方法：讲授法、演示法 （2）重点：腰脊羊排的切割成形 （3）难点：里脊羊排的切割成形	1

续表

模块	课程	学习单元	课程内容	培训建议	课堂学时
1. 原料加工	1–2 动物性原料的精加工	（3）牛脊背部的切割成形	1）肋骨牛排的切割成形 2）巴德浩斯牛排的切割成形 3）T－骨牛排的切割成形 4）肉眼牛排的切割成形 5）西冷牛排的切割成形	（1）方法：讲授法、演示法 （2）重点：肋骨牛排的切割成形 （3）难点：肉眼牛排的切割成形	1
		（4）牛里脊的切割成形	1）米龙菲利牛排的切割成形 2）听特浪牛排的切割成形 3）小件牛排的切割成形 4）薄片牛排的切割成形	（1）方法：讲授法、演示法 （2）重点：米龙菲利牛排的切割成形 （3）难点：听特浪牛排的切割成形	1
		（5）鱼柳的切割成形	1）蝶形鱼扇的切割成形 2）单面鱼扇的切割成形 3）鱼扇块的切割成形	（1）方法：讲授法、演示法 （2）重点：鱼扇块的切割成形 （3）难点：蝶形鱼扇的切割成形	1
		（6）肉类卷的加工	1）顺卷的加工 2）叠卷的加工	（1）方法：讲授法、演示法 （2）重点：叠卷的加工 （3）难点：顺卷的加工	1
2. 冷菜烹调	2–1 冷菜调味汁制作	（1）蛋黄酱的衍生调味汁	1）鞑靼汁的制作 ①原料 ②工艺流程 ③质量标准 ④制作要点 2）千岛汁的制作 ①原料 ②工艺流程 ③质量标准 ④制作要点 3）尼莫利汁的制作 ①原料 ②工艺流程 ③质量标准 ④制作要点	（1）方法：讲授法、演示法 （2）重点：千岛汁的工艺流程 （3）难点：尼莫利汁的质量控制	1

续表

模块	课程	学习单元	课程内容	培训建议	课堂学时
2. 冷菜烹调	2–1 冷菜调味汁制作	（2）恺撒汁的制作	1）恺撒汁的制作原理 2）恺撒汁的制作 ①原料 ②工艺流程 ③质量标准 ④制作要点	（1）方法：讲授法、演示法 （2）重点：恺撒汁的工艺流程 （3）难点：恺撒汁的质量控制	1
		（3）法国汁的制作	1）法国汁的制作原理 2）法国汁的制作 ①原料 ②工艺流程 ③质量标准 ④制作要点	（1）方法：讲授法、演示法 （2）重点：法国汁的工艺流程 （3）难点：法国汁的质量控制	1
	2–2 色拉制作	（1）鸡肉类色拉的制作	1）鸡肉类色拉的制作 ①原料 ②工艺流程 ③质量标准 ④制作要点 2）鸡肉类色拉的保存方法 3）鸡肉类色拉的制作实例 ①熏鸡肉色拉 ②夏威夷鸡色拉	（1）方法：讲授法、演示法 （2）重点：鸡肉类色拉的制作 （3）难点：鸡肉类色拉的制作实例的掌握	4
		（2）海鲜类色拉的制作	1）海鲜类色拉的制作 ①原料 ②工艺流程 ③质量标准 ④制作要点 2）海鲜类色拉的保存方法 3）海鲜类色拉的制作实例 ①夏威夷海鲜色拉 ②鱿鱼色拉	（1）方法：讲授法、演示法 （2）重点：海鲜类色拉的制作 （3）难点：海鲜类色拉的制作实例的掌握	4

续表

模块	课程	学习单元	课程内容	培训建议	课堂学时
2. 冷菜烹调	2–2 色拉制作	(3) 冷肉拼盘(两种以上冷切肉)的制作	1) 冷肉的概念 2) 冷肉的适用范围 3) 盐腌、卤泡和烟熏工艺应用 ①盐腌 ②卤泡 ③烟熏 4) 冷肉拼盘(2种以上)的制作实例 烟猪通脊与胡椒牛肉冷拼	(1) 方法:讲授法、演示法 (2) 重点:盐腌、卤泡和烟熏工艺应用 (3) 难点:冷肉拼盘(2种以上)的制作实例的掌握	4
		(4) 胶冻类冷菜的制作	1) 胶冻类菜肴的概念 2) 胶冻类菜肴的制作原理 3) 胶冻汁的制作 4) 胶冻类菜肴的制作 5) 胶冻类菜肴制作实例 ①德式猪肉冻 ②明虾冻	(1) 方法:讲授法、演示法 (2) 重点:胶冻汁的制作方法 (3) 难点:胶冻类菜肴制作实例的掌握	4
	2–3 冷汤制作	(1) 蔬菜冷汤的制作	1) 冷汤的概念 2) 冷汤的特点 3) 冷汤的基本种类 ①热制冷食汤 ②冷制冷食汤 4) 蔬菜冷汤制作实例 ①农夫冷汤 ②冷红菜汤 ③番茄冷汤	(1) 方法:讲授法、演示法 (2) 重点:冷汤的基础种类 (3) 难点:蔬菜冷汤的制作实例的掌握	2
		(2) 奶制品冷汤的制作	1) 冷汤的制作 ①原料 ②工艺流程 ③质量标准 ④制作要点 2) 奶制品冷汤的制作实例 ①青蒜薯汤 ②冷樱桃汤	(1) 方法:讲授法、演示法 (2) 重点:冷汤的制作 (3) 难点:奶制品冷汤制作实例的掌握	2

续表

模块	课程	学习单元	课程内容	培训建议	课堂学时
3. 热菜烹调	3–1 汤类制作	（1）汤菜概述	1）汤的概念 2）汤的作用 3）汤的分类与特点 ①清汤 ②浓汤 4）汤菜的制作原理 5）汤菜的装饰点缀及上桌温度 ①装饰点缀的基本要求 ②点缀配料与汤的搭配 ③汤的上桌温度	（1）方法：讲授法 （2）重点：汤菜的分类与特点 （3）难点：点缀配料与汤的恰当搭配	1
		（2）奶油汤的制作	1）奶油汤的概念 2）奶油汤的制作原理 3）奶油汤的制作 ①油炒面粉制作 ②调制奶油汤 ③质量标准 ④制作要点 4）奶油蔬菜汤的制作实例 ①芦笋奶油汤 ②奶油鲜蘑汤 ③奶油西蓝花汤 5）奶油海鲜汤的制作实例 文蛤奶油汤	（1）方法：讲授法、演示法 （2）重点：奶油汤的制作方法 （3）难点：奶油汤制作实例的掌握	3
		（3）牛肉浓汤的制作	1）浓汤的分类 2）牛肉浓汤的制作 ①原料 ②工艺流程 ③质量标准 ④制作要点 3）牛肉浓汤的制作实例 匈牙利牛肉汤	（1）方法：讲授法、演示法 （2）重点：牛肉浓汤的制作方法 （3）难点：牛肉浓汤制作实例的掌握	2

续表

模块	课程	学习单元	课程内容	培训建议	课堂学时
3. 热菜烹调	3-1 汤类制作	(4) 蔬菜汤的制作	1) 蔬菜汤的概念 2) 蔬菜汤的分类 3) 蔬菜汤的制作 ①原料 ②工艺流程 ③质量标准 ④制作要点 4) 蔬菜汤的制作实例 ①意大利蔬菜汤 ②罗宋汤 ③法式洋葱汤	(1) 方法: 讲授法、演示法 (2) 重点: 蔬菜汤的制作方法 (3) 难点: 蔬菜汤制作实例的掌握	2
	3-2 少司制作	(1) 用布朗少司制作鸡肉少司	迷迭香少司的制作 1) 原料 2) 工艺流程 3) 质量标准 4) 制作要点	(1) 方法: 讲授法、演示法 (2) 重点: 迷迭香少司的制作 (3) 难点: 迷迭香少司的质量控制	1
		(2) 用布朗少司制作牛肉少司	1) 胡椒少司的制作 ①原料 ②工艺流程 ③质量标准 ④制作要点 2) 红酒少司的制作 ①原料 ②工艺流程 ③质量标准 ④制作要点 3) 蘑菇少司的制作 ①原料 ②工艺流程 ③质量标准 ④制作要点	(1) 方法: 讲授法、演示法 (2) 重点: 红酒少司的制作 (3) 难点: 胡椒少司的质量控制	1
		(3) 用布朗少司制作羊肉少司	魔鬼少司的制作 1) 原料 2) 工艺流程 3) 质量标准 4) 制作要点	(1) 方法: 讲授法、演示法 (2) 重点: 魔鬼少司的制作 (3) 难点: 魔鬼少司的质量控制	1

续表

模块	课程	学习单元	课程内容	培训建议	课堂学时
3．热菜烹调	3-2　少司制作	（4）用奶油少司制作鱼类、贝壳类少司	1）莫内少司的制作 ①原料 ②工艺流程 ③质量标准 ④制作要点 2）番红花奶油少司的制作 ①原料 ②工艺流程 ③质量标准 ④制作要点 3）欧芹少司的制作 ①原料 ②工艺流程 ③质量标准 ④制作要点 4）苦艾酒少司的制作 ①原料 ②工艺流程 ③质量标准 ④制作要点	（1）方法：讲授法、演示法 （2）重点：各种奶油少司子少司的制作方法 （3）难点：各种奶油少司子少司的质量控制	2
	3-3　热菜制作	（1）用煮、炒的烹调方法制作意大利面、意大利饺子、意大利饭	1）半成品面食种类 ①条带形 ②管形 ③实物形 2）新鲜面食种类 ①面条 ②填馅面食 3）面食加热烹调 ①烹调方法 ②成熟度的把握 4）面食少司 ①面食少司的种类 ②面食、少司及装饰配料的搭配 5）制作实例 ①肉酱意大利面 ②菠菜芝士意大利饺 ③蘑菇意大利饭	（1）方法：讲授法、演示法 （2）重点与难点：意大利面、意大利饺子、意大利饭制作实例的掌握	4

续表

模块	课程	学习单元	课程内容	培训建议	课堂学时
3．热菜烹调	3–3 热菜制作	（2）用焗、烤的烹调方法制作意大利比萨、西班牙海鲜饭	1）焗的概念 2）焗的特点 3）焗的适用范围 4）焗的制作要点 5）制作实例 ①马格里特比萨 ②西班牙海鲜饭	（1）方法：讲授法、演示法 （2）重点：焗的制作要点 （3）难点：意大利比萨、西班牙海鲜饭制作实例的掌握	4
		（3）用蒸、烤的烹调方法制作海鲜类菜肴	1）蒸的概述 ①蒸的概念 ②蒸的方法 ③蒸的特点 ④蒸的适用范围 ⑤蒸的制作要点 2）海鲜的烘烤 ①海鲜的选用 ②调味 ③少司和配料 ④工艺流程 3）蒸制海鲜类菜肴制作实例 4）烤制海鲜类菜肴制作实例	（1）方法：讲授法、演示法 （2）重点：蒸的制作要点 （3）难点：蒸、烤制海鲜类菜肴制作实例的掌握	4
		（4）用煎、烤的烹调方法制作牛排、羊排、猪排、鱼柳等菜肴	1）肉类烹调基本原理 ①温度控制 ②颜色的变化 ③滋味的变化 ④气味的变化 2）畜肉类的煎 ①肉的选用 ②调味 ③成熟度的判断 ④伴食少司 ⑤工艺流程 3）畜肉类的烤 ①肉的选用 ②调味 ③温度、时间的掌握 ④成熟度的判断 ⑤后续加热 ⑥伴食少司 ⑦工艺流程	（1）方法：讲授法、演示法 （2）重点：畜肉的成熟度判断 （3）难点：煎、烤制牛排、羊排、猪排、鱼柳等菜肴的制作实例的掌握	4

续表

模块	课程	学习单元	课程内容	培训建议	课堂学时
3. 热菜烹调	3-3 热菜制作	（4）用煎、烤的烹调方法制作牛排、羊排、猪排、鱼柳等菜肴	4）水产品的煎炸 ①水产品的选用 ②调味 ③伴食少司 ④工艺流程 5）煎、烤制牛排、羊排、猪排、鱼柳等菜肴制作实例 ①煎牛扒蘑菇少司 ②香草烤羊排 ③黄油柠檬少司鱼排	（1）方法：讲授法、演示法 （2）重点：畜肉的成熟度判断 （3）难点：煎、烤制牛排、羊排、猪排、鱼柳等菜肴制作实例的掌握	4
课堂学时合计					61

2.2.4 三级 / 高级职业技能培训课程规范

模块	课程	学习单元	课程内容	培训建议	课堂学时
1. 原料加工	1-1 原料腌渍	（1）鸡、鸭等禽类原料的腌渍	1）腌渍的原理 2）禽肉的腌渍要求 ①腌渍液的制作 ②腌渍时间 ③腌渍的制作要点 3）一般烹制方法的禽肉腌渍 4）用于烧烤的禽肉腌渍	（1）方法：讲授法、演示法 （2）重点：一般烹制方法的禽肉腌渍 （3）难点：腌渍液的制作	1
		（2）畜肉原料的腌渍	1）畜肉的腌渍要求 ①腌渍液与不同畜肉的搭配 ②腌渍时间 ③腌渍的制作要点 2）小牛肉的腌渍 3）成年牛肉、羊肉的腌渍	（1）方法：讲授法、演示法 （2）重点：腌渍液与不同畜肉的搭配 （3）难点：腌渍时间的控制	1

续表

模块	课程	学习单元	课程内容	培训建议	课堂学时
1. 原料加工	1-2　原料成形	（1）禽类进行烧烤前的捆扎成形	1）捆扎成形的概述 ①捆扎成形的概念 ②捆扎成形的对象 ③捆扎成形的目的 2）禽类的捆扎成形 ①鸡的捆扎成形 ②火鸡的捆扎成形	（1）方法：讲授法、演示法 （2）重点：鸡的捆扎工艺 （3）难点：火鸡的捆扎工艺	1
		（2）畜类进行烧烤前的捆扎成形	1）小份牛排的捆扎成形 2）烤牛排的捆扎成形 3）烤羊肉的捆扎成形	（1）方法：讲授法、演示法 （2）重点与难点：烤牛排的捆扎工艺	1
2. 冷菜烹调	2-1　冷菜调味汁制作	（1）奶酪调味汁的制作	1）奶酪汁的制作 ①原料 ②工艺流程 ③质量标准 ④制作要点 2）奶酪汁的制作实例 蓝奶酪汁	（1）方法：讲授法、演示法 （2）重点：奶酪汁的制作 （3）难点：奶酪汁的质量控制	1
		（2）新鲜香料调味汁的制作	1）新鲜香料调味汁的制作 ①原料 ②工艺流程 ③质量标准 ④制作要点 2）新鲜香料调味汁的制作实例 ①薄荷汁 ②罗勒酱	（1）方法：讲授法、演示法 （2）重点：新鲜香料调味汁的制作 （3）难点：新鲜香料调味汁的质量控制	1
		（3）芥末酱、芥末粉调味汁的制作	1）芥末调味汁的制作 ①原料 ②工艺流程 ③质量标准 ④制作要点 2）芥末调味汁的制作实例 ①芥末酱 ②芥末粉	（1）方法：讲授法、演示法 （2）重点：芥末调味汁的制作 （3）难点：芥末调味汁的质量控制	1

续表

模块	课程	学习单元	课程内容	培训建议	课堂学时
2. 冷菜烹调	2-2 冷菜加工与拼摆	（1）烟熏三文鱼的制作	1）烟熏的种类 ①冷熏 ②热熏 2）烟熏的设备与用料 3）烟熏三文鱼的制作 ①原料 ②工艺流程 ③质量标准 ④制作要点	（1）方法：讲授法、演示法 （2）重点：烟熏设备的使用 （3）难点：烟熏三文鱼制作要点的掌握	4
		（2）海鲜拼盘（两种以上海鲜）的制作	1）海鲜拼盘的概述 ①海鲜的选用 ②海鲜的预处理 ③少司与配菜 ④工艺流程 ⑤质量标准 ⑥制作要点 2）海鲜拼盘的制作实例 海鲜什锦盘	（1）方法：讲授法、演示法 （2）重点：海鲜拼盘原料选用、预处理 （3）难点：海鲜拼盘的制作实例的掌握	4
		（3）海鲜塔林的制作	1）塔林的概述 ①塔林的概念 ②塔林的分类 ③原料 ④工艺流程 ⑤质量标准 ⑥制作要点 2）海鲜塔林的制作	（1）方法：讲授法、演示法 （2）重点：塔林的工艺流程 （3）难点：海鲜塔林的制作要点的掌握	4
		（4）禽类派的制作	1）派的概述 ①派的概念 ②派的分类 ③原料 ④工艺流程 ⑤质量标准 ⑥制作要点 2）禽类派的制作实例 冷鸡肉派	（1）方法：讲授法、演示法 （2）重点：派的工艺流程 （3）难点：禽类派的制作实例的掌握	4
		（5）鹅肝酱的制作	1）肉酱及其制品的概述 ①肉酱原料 ②制作肉酱的工具 ③肉酱的制作 ④肉酱的应用 2）鹅肝酱的制作实例 法式鹅肝酱	（1）方法：讲授法、演示法 （2）重点：肉酱的制作 （3）难点：鹅肝酱的制作实例的掌握	4

续表

模块	课程	学习单元	课程内容	培训建议	课堂学时
3. 热菜烹调	3–1 汤类制作	（1）茸汤的制作	1）茸汤的概述 ①茸汤的概念 ②茸汤与奶油汤的区别 ③茸汤的分类 2）茸汤的制作 ①原料 ②工艺流程 ③质量标准 ④制作要点 3）蔬菜茸汤的制作实例 ①胡萝卜茸汤 ②南瓜茸汤 4）豆类茸汤制作实例 ①青豆茸汤 ②芸豆茸汤	（1）方法：讲授法、演示法 （2）重点：茸汤的工艺流程 （3）难点：茸汤的质量标准	2
		（2）鸡肉、牛肉清汤的制作	1）高级清汤概述 ①高级清汤的概念 ②澄清原理 ③高级清汤的分类 2）高级清汤的制作 ①原料 ②工艺流程 ③质量标准 ④制作要点 3）鸡肉、牛肉清汤制作实例 ①清汤菜丝 ②曙光清汤 ③清汤鸡丝豌豆	（1）方法：讲授法、演示法 （2）重点：高级清汤的工艺流程 （3）难点：鸡肉、牛肉清汤制作实例的掌握	2
	3–2 少司制作	（1）芝士少司的制作	1）芝士少司的制作 ①原料 ②工艺流程 ③质量标准 ④制作要点 2）芝士少司制作实例 切打少司	（1）方法：讲授法、演示法 （2）重点：芝士少司制作流程 （3）难点：芝士少司制作实例的掌握	1

续表

模块	课程	学习单元	课程内容	培训建议	课堂学时
3. 热菜烹调	3-2　少司制作	（2）芥末少司的制作	1）芥末少司的制作 ①原料 ②工艺流程 ③质量标准 ④制作要点 2）芥末少司制作实例 芥末奶油少司	（1）方法：讲授法、演示法 （2）重点：芥末少司工艺流程 （3）难点：芥末少司制作实例的掌握	1
		（3）蔬果少司的制作	1）蔬果少司的概念 2）蔬果少司的分类 ①果蔬茸少司 ②果蔬调味酱 ③蔬菜汁少司 3）蔬果少司的制作 ①原料 ②工艺流程 ③质量标准 ④制作要点 4）蔬果少司制作实例 ①蔬菜茸少司 ②水果茸少司	（1）方法：讲授法、演示法 （2）重点：蔬果少司工艺流程 （3）难点：蔬果少司制作实例的掌握	1
		（4）黄油少司的制作	1）黄油少司的概念 2）黄油少司的分类 3）黄油少司制作 ①原料 ②工艺流程 ③质量标准 ④制作要点 4）黄油少司制作实例 ①荷兰少司 ②荷兰少司的子少司	（1）方法：讲授法、演示法 （2）重点：黄油少司工艺流程 （3）难点：黄油少司制作实例的掌握	1
	3-3　热菜制作	（1）西式切配表演概述	1）西式切配表演概述 ①畜肉类 ②海鲜类 ③奶酪类 ④水果类 2）西式切配表演用具 ①切割刀 ②磨刀棍 ③切菜板、餐盘 3）切配表演程序与标准	（1）方法：讲授法、演示法 （2）重点与难点：切配表演程序与标准	1

续表

模块	课程	学习单元	课程内容	培训建议	课堂学时
3. 热菜烹调	3-3 热菜制作	（2）用烤的烹调方法制作火鸡、整鹅、乳猪、羊腿、牛排等现场切割菜肴	1）烤制现场切割菜肴的制作 ①原料 ②工艺流程 ③质量标准 ④制作要点 2）烤制现场切割菜肴制作实例 ①烤火鸡 ②烤鹅 ③烤乳猪 ④香草烤羊腿 ⑤烤牛外脊	（1）方法：讲授法、演示法 （2）重点：烤制现场切割菜肴的工艺流程 （3）难点：烤制现场切割菜肴制作实例的掌握	4
		（3）用煎的烹调方法制作鹅肝、鸭肝菜肴	1）煎制禽肝菜肴的制作 ①原料 ②工艺流程 ③质量标准 ④制作要点 2）煎制禽肝菜肴制作实例 ①苹果煎鹅肝 ②煎肥鸭肝	（1）方法：讲授法、演示法 （2）重点：煎制禽肝菜肴的工艺流程 （3）难点：煎制禽肝菜肴制作实例的掌握	4
		（4）用焖的烹调方法制作禽类菜肴	1）焖的概述 ①焖的概念 ②焖与烩的区别 ③特点 ④适用范围 2）焖制禽类菜肴的制作 ①原料 ②工艺流程 ③质量标准 ④制作要点 3）焖制禽类菜肴制作实例 奶油龙蒿焖鸡	（1）方法：讲授法、演示法 （2）重点：焖制禽类菜肴的工艺流程 （3）难点：焖制禽类菜肴制作实例的掌握	4

续表

模块	课程	学习单元	课程内容	培训建议	课堂学时
3. 热菜烹调	3-3 热菜制作	（5）用扒的烹调方法制作牛排、羊排、猪排、鱼柳等菜肴	1）扒的概述 ①扒的概念 ②扒与炙烤的区别 ③特点 ④适用范围 ⑤制作要点 2）扒制肉排、鱼柳菜肴的制作 ①原料 ②工艺流程 ③质量标准 ④制作要点 3）扒制肉排、鱼柳菜肴制作实例 ①铁扒牛外脊 ②铁扒羊排 ③铁扒猪排 ④铁扒鳕鱼	（1）方法：讲授法、演示法 （2）重点：扒制肉排、鱼柳菜肴的工艺流程 （3）难点：扒制肉排、鱼柳菜肴制作实例的掌握	4
		（6）用焗的烹调方法制作海鲜类菜肴	1）焗制海鲜类菜肴的制作 ①原料 ②工艺流程 ③质量标准 ④制作要点 2）焗制海鲜类菜肴制作实例 ①番茄焗鱼片 ②焗生菜牡蛎卷 ③培根焗鲜贝	（1）方法：讲授法、演示法 （2）重点：焗制海鲜类菜肴的工艺流程 （3）难点：焗制海鲜类菜肴制作实例的掌握	4
		（7）用蒸的烹调方法制作贝壳类菜肴	1）蒸制贝壳类菜肴的制作 ①原料 ②工艺流程 ③质量标准 ④制作要点 2）蒸制贝壳类菜肴制作实例 ①蒸酿鱿鱼 ②蒸牡蛎配香槟少司	（1）方法：讲授法、演示法 （2）重点：蒸制贝壳类菜肴的工艺流程 （3）难点：蒸制贝壳类菜肴制作实例的掌握	4

续表

模块	课程	学习单元	课程内容	培训建议	课堂学时
3. 热菜烹调	3-3 热菜制作	(8) 用混合烹调方法制作石斑鱼、龙虾、蜗牛等菜肴	1) 混合烹调方法的概念 2) 混合烹调方法的特点 3) 混合烹调方法制作高档海鲜菜肴制作实例 ①焗时蔬石斑鱼卷 ②芝士龙虾 ③焗蜗牛	(1) 方法: 讲授法、演示法 (2) 重点: 混合烹调方法的合理组合 (3) 难点: 混合烹调方法制作高档海鲜菜肴制作实例的掌握	4
课堂学时合计					64

2.2.5 二级 / 技师职业技能培训课程规范

模块	课程	学习单元	课程内容	培训建议	课堂学时
1. 原料加工	1-1 原料加工	(1) 禽类的整体脱骨	1) 整禽脱骨 ①原料 ②工艺流程 ③质量标准 ④制作要点 2) 整禽脱骨的实例 ①整鸡的脱骨 ②鹌鹑的脱骨 ③鸽子的脱骨	(1) 方法: 讲授法、演示法 (2) 重点与难点: 整禽脱骨的工艺流程	1
		(2) 海鲜卷的加工	1) 海鲜卷的加工 ①原料 ②工艺流程 ③质量标准 ④制作要点 2) 海鲜卷的加工实例 ①比目鱼卷 ②三文鱼卷	(1) 方法: 讲授法、演示法 (2) 重点与难点: 海鲜卷加工的工艺流程	1
	1-2 原料腌渍	(1) 风味禽类产品的腌渍	1) 风味禽类产品的腌渍 ①原料 ②工艺流程 ③质量标准 ④制作要点 2) 风味禽类产品的腌渍实例 ①珍珠鸡的腌渍 ②乳鸽的腌渍 ③火鸡的腌渍	(1) 方法: 讲授法、演示法 (2) 重点与难点: 风味禽类产品的腌渍工艺流程	1

续表

模块	课程	学习单元	课程内容	培训建议	课堂学时
1. 原料加工	1–2　原料腌渍	（2）烟熏海鲜产品的腌渍	1）烟熏海鲜产品的腌渍 ①原料 ②工艺流程 ③质量标准 ④制作要点 2）烟熏海鲜产品的腌渍实例 ①烟熏三文鱼的腌渍 ②烟熏马鲛鱼的腌渍	（1）方法：讲授法、演示法 （2）重点与难点：烟熏海鲜产品腌渍的工艺流程	1
2. 冷菜烹调	2–1　冷菜调味汁制作	（1）海鲜调味汁的制作	1）海鲜调味汁的制作 ①原料 ②工艺流程 ③质量标准 ④制作要点 2）海鲜调味汁制作实例 ①鸡尾少司 ②渔夫少司	（1）方法：讲授法、演示法 （2）重点：海鲜调味汁的质量标准 （3）难点：特色海鲜调味汁的制作	1
		（2）水果调味汁的制作	1）水果调味汁的制作 ①原料 ②工艺流程 ③质量标准 ④制作要点 2）水果调味汁制作实例 ①牛油果少司 ②杧果少司	（1）方法：讲授法、演示法 （2）重点：水果调味汁的质量标准 （3）难点：特色水果调味汁的制作	1
		（3）坚果为原料调味汁的制作	1）坚果为原料调味汁的制作 ①原料 ②工艺流程 ③质量标准 ④制作要点 2）坚果为原料调味汁制作实例 ①松子酱 ②腰果酱	（1）方法：讲授法、演示法 （2）重点：坚果调味汁的质量标准 （3）难点：特色坚果调味汁的制作	1

续表

模块	课程	学习单元	课程内容	培训建议	课堂学时
2. 冷菜烹调	2-1 冷菜调味汁制作	(4) 日式调味汁的制作	1) 常用日本调味料介绍 ①出汁 ②发酵酒 ③发酵性豆制品 ④发酵性海鲜制品 ⑤山葵 2) 日式调味汁的制作实例 ①山葵蛋黄酱 ②味噌汁 ③海胆酱	(1) 方法: 讲授法、演示法 (2) 重点: 日本调味料的使用特点 (3) 难点: 特色日式调味汁的制作	1
	2-2 冷菜加工	(1) 肉类、海鲜、水果为原料色拉的制作	1) 肉类、海鲜、水果为原料色拉的制作 ①制作原理与要求 ②原料选用 ③工艺流程 ④制作要点 2) 肉类、海鲜、水果为原料色拉制作实例 ①华道夫色拉 ②尼斯色拉	(1) 方法: 讲授法、演示法 (2) 重点: 肉类、海鲜、水果为原料色拉的制作工艺流程 (3) 难点: 代表性肉类、海鲜、水果为原料色拉制作实例的掌握	1
		(2) 日式刺身拼盘的制作	1) 日式刺身拼盘的制作 ①原料选用与预处理 ②工艺流程 ③质量标准 ④制作要点 2) 日式刺身拼盘制作实例 什锦海鲜刺身拼盘	(1) 方法: 讲授法、演示法 (2) 重点: 日式刺身拼盘的质量标准 (3) 难点: 经典刺身拼盘的制作	1
		(3) 镜面水果的制作	1) 镜面水果的制作 ①原料 ②工艺流程 ③质量标准 ④制作要点 2) 镜面水果制作实例 镜面餐具什锦水果拼盘	(1) 方法: 讲授法、演示法 (2) 重点: 水果品种的选用 (3) 难点: 镜面水果的造型设计	1

续表

模块	课程	学习单元	课程内容	培训建议	课堂学时
2. 冷菜烹调	2-2 冷菜加工	（4）果雕装饰的制作	1）果雕的概述 ①果雕的概念 ②果雕的分类 ③果雕装饰与菜点的合理搭配 2）果雕装饰制作 ①原料 ②工艺流程 ③质量标准 ④制作要点 3）果雕装饰制作实例 ①西瓜雕 ②南瓜雕 ③橙雕	（1）方法：讲授法、演示法 （2）重点：果雕装饰与菜点的合理搭配 （3）难点：果雕装饰制作实例的掌握	1
3. 热菜烹调	3-1 汤类制作	（1）鹿肉等清汤的制作	1）鹿肉等清汤的制作 ①原料 ②工艺流程 ③质量标准 ④制作要点 2）鹿肉等清汤制作实例 ①鹿肉清汤 ②兔肉清汤	（1）方法：讲授法、演示法 （2）重点：鹿肉清汤的工艺流程 （3）难点：鹿肉去异增香的方法	2
		（2）菌菇类茸汤的制作	1）菌菇类茸汤的制作 ①原料 ②工艺流程 ③质量标准 ④制作要点 2）菌菇类茸汤制作实例 蘑菇茸汤	（1）方法：讲授法、演示法 （2）重点：菌菇原料的选用 （3）难点：菌菇类茸汤的工艺流程	1
		（3）应用分子料理胶囊技术的奶油蔬菜汤制作	1）分子料理胶囊技术的概述 ①分子料理胶囊技术的概念 ②分子料理胶囊技术制作原理 ③分子料理胶囊技术分类 ④分子料理胶囊技术原料与设备	（1）方法：讲授法、演示法 （2）重点：分子料理胶囊制作工艺流程 （3）难点：胶囊原料的合理配比与制作时间的掌握	2

续表

模块	课程	学习单元	课程内容	培训建议	课堂学时
3. 热菜烹调	3-1 汤类制作	(3)应用分子料理胶囊技术的奶油蔬菜汤制作	2)分子料理胶囊的制作 ①原料 ②工艺流程 ③质量标准 ④制作要点 3)应用胶囊技术奶油蔬菜汤的实例 奶油菠菜汤胶囊	(1)方法:讲授法、演示法 (2)重点:分子料理胶囊制作工艺流程 (3)难点:胶囊原料的合理配比与制作时间的掌握	2
	3-2 少司制作	(1)黑菌、松茸为原料少司的制作	1)黑菌为原料少司的制作 ①原料 ②工艺流程 ③质量标准 ④制作要点 2)黑菌少司制作实例 3)松茸为原料少司的制作 ①原料 ②工艺流程 ③质量标准 ④制作要点 4)松茸少司制作实例	(1)方法:讲授法、演示法 (2)重点:黑菌原料选用 (3)难点:黑菌、松茸少司的制作流程	1
		(2)酒为原料少司的制作	1)西餐酒的概述 ①西餐酒的分类 ②西餐酒的特点 ③西餐酒与菜点的合理搭配 2)酒为原料少司的制作 ①原料 ②工艺流程 ③质量标准 ④制作要点 3)酒为原料少司的制作实例 ①香槟少司 ②马德拉少司 ③茴香酒少司	(1)方法:讲授法、演示法 (2)重点:酒与菜点的合理搭配 (3)难点:酒少司的制作流程	1

续表

模块	课程	学习单元	课程内容	培训建议	课堂学时
3. 热菜烹调	3-2 少司制作	（3）分子料理泡沫少司的制作	1）分子料理泡沫技术的概述 ①分子料理泡沫技术的概念 ②分子料理泡沫技术制作原理 ③分子料理泡沫技术原料与设备 2）分子料理泡沫的制作 ①原料 ②工艺流程 ③质量标准 ④制作要点 3）分子料理泡沫技术少司制作实例 ①西洋菜泡沫少司 ②红酒泡沫少司	（1）方法：讲授法、演示法 （2）重点：分子泡沫原料的选用 （3）难点：泡沫少司的制作实例的掌握	1
	3-3 热菜加工	（1）烤制填馅菜肴的制作	1）填馅工艺的概述 ①填馅工艺的概念 ②填馅菜肴的特点 ③填馅原料的组成 2）烤制填馅菜肴的制作 ①原料 ②工艺流程 ③质量标准 ④制作要点 3）烤制填馅菜肴制作实例 ①烤填馅鸡 ②烤火鸡栗子馅鸡 ③烤填馅乳猪	（1）方法：讲授法、演示法 （2）重点：馅心与主料合理搭配 （3）难点：烤制填馅菜肴火候的掌握	4
		（2）烤制酥皮肉类和鱼类菜肴的制作	1）酥皮类菜肴的概述 ①酥皮类菜肴的概念 ②酥皮类菜肴的特点 ③酥皮类菜肴制作要求 ④酥皮的制作 2）烤制酥皮肉类和鱼类菜肴的制作 ①原料 ②工艺流程 ③质量标准 ④制作要点 3）烤制酥皮肉类和鱼类菜肴制作实例 ①惠灵顿牛肉 ②烤酥皮比目鱼卷	（1）方法：讲授法、演示法 （2）重点：酥皮菜肴制作工艺流程 （3）难点：酥皮的制作	4

续表

模块	课程	学习单元	课程内容	培训建议	课堂学时
3. 热菜烹调	3-3 热菜加工	（3）油浸禽类菜肴的制作	1）油浸禽类菜肴的制作 ①原料 ②工艺流程 ③质量标准 ④制作要点 2）油浸禽类菜肴的制作实例 ①油浸乳鸽 ②油浸鸭胸	（1）方法：讲授法、演示法 （2）重点：油浸菜肴制作的工艺流程 （3）难点：油浸菜肴制作时火候的掌握	4
		（4）烩制鹿肉等菜肴的制作	1）烩制鹿肉等菜肴的制作 ①原料 ②工艺流程 ③质量标准 ④制作要点 2）烩制鹿肉等类菜肴的制作实例 ①皇家烩兔肉 ②红酒烩鹿肉	（1）方法：讲授法、演示法 （2）重点：烩制鹿肉等菜肴制作的工艺流程 （3）难点：烩制鹿肉等菜肴的质量控制	4
		（5）隔水烤制慕斯类菜肴的制作	1）隔水烤制慕斯类菜肴的制作 ①原料 ②工艺流程 ③质量标准 ④制作要点 2）隔水烤制慕斯类菜肴的制作实例 ①茄子慕斯 ②三色海鲜慕斯 ③鸡肉慕斯	（1）方法：讲授法、演示法 （2）重点：隔水烤制慕斯类菜肴制作的工艺流程 （3）难点：隔水烤制慕斯类菜肴的质量控制	4
		（6）低温慢煮畜肉类、海鲜类菜肴的制作	1）低温慢煮技术的概述 ①低温慢煮技术的概念 ②低温慢煮技术的制作原理 ③低温慢煮菜肴的特点 ④低温慢煮技术的设备要求 ⑤不同原料的温度要求 2）低温慢煮畜肉类、海鲜类菜肴的制作 ①原料 ②工艺流程 ③质量标准 ④制作要点 3）低温慢煮畜肉类、海鲜类菜肴的制作实例 ①低温西冷牛排 ②低温法式羊排薄荷少司 ③低温金枪鱼	（1）方法：讲授法、演示法 （2）重点：低温慢煮技术菜肴制作的工艺流程 （3）难点：低温慢煮菜肴温度选择与时间掌握	4

续表

模块	课程	学习单元	课程内容	培训建议	课堂学时
3. 热菜烹调	3–4 甜品制作	（1）水果派的制作	1）水果派的制作 ①原料 ②工艺流程 ③质量标准 ④制作要点 2）水果派制作实例 ①苹果派 ②柠檬派	（1）方法：讲授法、演示法 （2）重点：水果派的制作要点 （3）难点：水果派制作实例的掌握	2
		（2）蛋挞的制作	1）蛋挞的制作 ①蛋挞的分类 ②原料 ③工艺流程 ④质量标准 ⑤制作要点 2）蛋挞制作实例 ①甜酥蛋挞 ②葡式蛋挞	（1）方法：讲授法、演示法 （2）重点：蛋挞的制作要点 （3）难点：蛋挞制作实例的掌握	2
		（3）布丁的制作	1）布丁的制作 ①布丁的分类 ②原料 ③工艺流程 ④质量标准 ⑤制作要点 2）布丁制作实例 ①面包布丁 ②焦糖布丁 ③圣诞布丁	（1）方法：讲授法、演示法 （2）重点：布丁的制作要点 （3）难点：布丁制作实例的掌握	2
4. 菜单设计	4–1 套餐菜单设计	（1）菜单设计概述	1）菜单的含义与分类 2）菜单的作用 3）菜单的设计原则 4）菜单设计的步骤 5）菜单设计的注意事项	（1）方法：讲授法、讨论法 （2）重点：菜单的设计原则 （3）难点：菜单设计的步骤	1
		（2）套餐菜单的设计	1）套餐菜单的类型 ①早餐 ②午餐 ③晚餐 2）套餐菜单的组成 3）按套餐标准增减菜点的品种和数量 4）按价格及营养平衡设计套餐菜单 ①西式三道套餐菜单 ②西式五道套餐菜单	（1）方法：讲授法、案例教学法、讨论法 （2）重点：按套餐标准增减菜点的品种和数量 （3）难点：设计西式五道套餐菜单	1

续表

模块	课程	学习单元	课程内容	培训建议	课堂学时
4. 菜单设计	4-2 季节菜单设计	(1) 按不同季节编制时令菜单	1) 制定春季时令菜单 2) 制定夏季时令菜单 3) 制定秋季时令菜单 4) 制定冬季时令菜单	(1) 方法: 讲授法、案例教学法、讨论法 (2) 重点与难点: 制定秋季时令菜单	1
		(2) 按不同季节编制美食节菜单	1) 制定春季美食节菜单 2) 制定夏季美食节菜单 3) 制定秋季美食节菜单 4) 制定冬季美食节菜单	(1) 方法: 讲授法、案例教学法、讨论法 (2) 重点与难点: 制定秋季美食节菜单	1
	4-3 点菜菜单设计	(1) 零点及零点菜单组合设计	1) 零点及零点菜单的概念 ①零点 ②零点菜单 2) 零点菜单的结构 ①早餐零点菜单的结构 ②正餐零点菜单的结构 3) 零点菜单的作用 4) 零点菜单的设计原则 5) 零点菜单品种结构与比例的确定方法 6) 零点菜单制定的基本步骤 7) 零点菜单的设计实例 不同毛利率的零点菜单的组合设计	(1) 方法: 讲授法、案例教学法、讨论法 (2) 重点: 零点菜单的设计原则 (3) 难点: 不同毛利率的零点菜单的组合设计	1
		(2) 酒会菜单的组合设计	1) 酒会菜单的概念 2) 酒会菜单的结构 3) 酒会菜单的作用 4) 酒会菜单的设计原则 5) 酒会菜单品种结构与比例的确定方法 6) 酒会菜单制定的基本步骤 7) 酒会菜单的设计实例 不同毛利率的酒会菜单的组合设计	(1) 方法: 讲授法、案例教学法、讨论法 (2) 重点: 酒会菜单设计的原则 (3) 难点: 不同毛利率的酒会菜单的组合设计	1

续表

模块	课程	学习单元	课程内容	培训建议	课堂学时
5. 指导与创新	5-1 培训指导	（1）三级/高级工及以下员工的技术指导	1）技术指导的概念 2）技术指导的组织程序 ①技能指导前准备（场地、工具设备、烹饪原料等） 3）技术指导方案的撰写 4）技术指导的实施 ①边示范、边讲解 ②现场操作 ③巡回指导并纠正 5）技术指导的效果评定 ①技能水平测试 ②知识水平测试 ③综合评定	（1）方法：讲授法、案例教学法 （2）重点：技术指导方案的撰写 （3）难点：技术指导的实施	1
		（2）三级/高级工及以下员工的岗位操作技能分析和总结	1）三级 / 高级工及以下员工的岗位操作技能分析 2）三级 / 高级工及以下员工的岗位操作技能总结 3）三级 / 高级工及以下员工的岗位操作技能标准制定 ①初加工岗位的操作技能标准制定 ②冷厨房岗位的操作技能标准制定 ③热厨房岗位的操作技能标准制定 ④点心房岗位的操作技能标准制定	（1）方法：讲授法、案例教学法 （2）重点：三级 / 高级工及以下员工的各岗位的操作技能标准 （3）难点：三级 / 高级工及以下员工的岗位操作技能总结	1
		（3）三级/高级工及以下员工进行厨房英语培训	1）西餐厨房英语教学内容 ①英语专业词汇与术语 ②厨房英语简单会话 2）西餐厨房英语教学方法 ①任务型教学法 ②情境教学法 ③演示法 ④三维重现教学法 ⑤交际法	（1）方法：讲授法、案例教学法 （2）重点与难点：英语专业词汇与术语的灵活运用	2

续表

模块	课程	学习单元	课程内容	培训建议	课堂学时
5. 指导与创新	5-2 工艺创新	（1）传统菜肴改良创新	1）国际西餐发展最新动态 2）传统菜肴创新概述 ①传统菜肴创新的基本原则 ②传统菜肴创新需注意的问题 3）传统菜肴改良创新的途径 ①传统菜肴原料选用与刀工处理的改良创新 ②传统菜肴组配的改良创新 ③传统菜肴制作工艺的改良创新 ④传统菜肴器皿与上菜形式的改良创新	（1）方法：讲授法、演示法 （2）重点：传统菜肴创新的基本原则 （3）难点：传统菜肴的改良创新途径	1
		（2）用新原料、新设备进行菜肴开发	1）采用新原料进行菜肴开发 ①原料新培育品种 ②新引进品种 ③新的食品加工原料 2）采用新设备进行菜肴开发 ①微波炉 ②真空机 ③低温加热机 3）用新原料、新设备进行菜肴开发实例	（1）方法：讲授法、演示法 （2）重点：用新原料开发的菜肴 （3）难点：用新设备开发的菜肴	1
		（3）当地食材与传统菜肴的有机融合	1）当地原料与传统菜肴的有机融合 ①动物性原料 ②植物性原料 ③加工性原料 2）当地调料、辅料与传统菜肴的有机融合 ①调味料 ②香料 ③辅料	（1）方法：讲授法、演示法 （2）重点：当地原料与传统菜肴的有机融合 （3）难点：当地调料、辅料与传统菜肴的有机融合	1
课堂学时合计					63

2.2.6 一级 / 高级技师职业技能培训课程规范

模块	课程	学习单元	课程内容	培训建议	课堂学时
1. 经典菜肴制作与创新	1-1 经典菜肴制作	（1）欧美经典菜肴的制作	1）法国菜的制作 ①法国菜的形成 ②法国菜的特点 ③经典法国菜的制作 2）意大利菜的制作 ①意大利菜的形成 ②意大利菜的特点 ③经典意大利菜的制作 3）英国菜的制作 ①英国菜的形成 ②英国菜的特点 ③经典英国菜的制作 4）美国菜的制作 ①美国菜的形成 ②美国菜的特点 ③经典美国菜的制作 5）俄罗斯菜的制作 ①俄罗斯菜的形成 ②俄罗斯菜的特点 ③经典俄罗斯菜的制作 6）德国菜 ①德国菜的形成 ②德国菜的特点 ③经典德国菜的制作	（1）方法：讲授法、演示法 （2）重点：经典意大利菜的制作 （3）难点：经典法国菜的制作	8
		（2）亚洲经典菜肴的制作	1）日本菜的制作 ①日本菜的形成 ②日本菜的特点 ③经典日本菜的制作 2）韩国菜的制作 ①韩国菜的形成 ②韩国菜的特点 ③经典韩国菜的制作 3）泰国菜的制作 ①泰国菜的形成 ②泰国菜的特点 ③经典泰国菜的制作	（1）方法：讲授法、演示法 （2）重点：经典泰国菜的制作 （3）难点：经典日本菜的制作	8

续表

模块	课程	学习单元	课程内容	培训建议	课堂学时
1. 经典菜肴制作与创新	1–1 经典菜肴制作	（2）亚洲经典菜肴的制作	4）新加坡菜、马来西亚菜的制作 ①新加坡菜、马来西亚菜的形成 ②新加坡菜、马来西亚菜的特点 ③经典新加坡菜、马来西亚菜的制作 5）越南菜的制作 ①越南菜的形成 ②越南菜的特点 ③经典越南菜的制作 6）印度尼西亚菜的制作 ①印度尼西亚菜的形成 ②印度尼西亚菜的特点 ③经典印度尼西亚菜的制作 7）印度菜的制作 ①印度菜的形成 ②印度菜的特点 ③经典印度菜的制作	（1）方法：讲授法、演示法 （2）重点：经典泰国菜的制作 （3）难点：经典日本菜的制作	8
		（3）制作菜肴过程中的技术难题的解决	1）发现菜肴制作技术难题 2）对技术难题进行分析 3）提出技术难题解决措施	（1）方法：讲授法、案例教学法 （2）重点：对菜肴制作技术难题进行分析 （3）难点：提出菜肴制作技术难题解决措施	1
	1–2 菜肴创新	（1）对自己擅长菜系的分析	1）擅长菜系的形成 2）擅长菜系的特点 ①特色的原料 ②独特的调味手法 ③擅长的烹调方法 3）擅长菜系的分析 ①擅长菜系的优点与缺点 ②提出保持优点、改掉缺点的措施	（1）方法：讲授法、案例教学法 （2）重点：擅长菜系的特点 （3）难点：擅长的菜系的改进措施	1

续表

模块	课程	学习单元	课程内容	培训建议	课堂学时
1. 经典菜肴制作与创新	1-2 菜肴创新	（2）对自己擅长菜系的创新	1）利用其他菜系或新工艺、烹调方法创新菜肴 2）利用其他菜系或新原料创新菜肴 ①动物性原料 ②植物性原料 ③加工性原料 3）利用其他菜系或新调料创新菜肴 ①调味料 ②香料 ③辅料 4）利用其他菜系或新设备创制新菜肴 ①原料初加工设备 ②成形与成熟设备 ③保藏设备	（1）方法：讲授法、案例教学法 （2）重点：利用其他菜系或新设备创新菜肴 （3）难点：利用其他菜系或新的原料创新菜肴	1
2. 宴会设计与菜单制订	2-1 宴会与酒会的摆台设计与装饰	（1）主题雕刻工艺	1）主题雕刻的概述 ①原料的选择 ②造型构思 ③成形手法 2）经典实例 ①黄油雕的设计制作 ②冰雕的设计制作	（1）方法：讲授法、演示法 （2）重点：雕刻的造型构图设计 （3）难点：常见主题雕刻的成形方法	4
		（2）器皿知识	1）器皿的材质 2）器皿的分类 3）器皿与菜肴的搭配原则	（1）方法：讲授法、案例教学法 （2）重点：器皿与菜肴的搭配原则 （3）难点：器皿与菜肴的有机搭配	1
		（3）酒会台面与台形设计	1）酒会台面的种类 2）酒会台面命名的方法 3）酒会台面的设计要求 4）酒会台面的装饰技法 5）酒会席位的安排 6）酒会台形设计	（1）方法：讲授法、案例教学法 （2）重点：酒会台面的设计要求 （3）难点：酒会台面的装饰技法	1

续表

模块	课程	学习单元	课程内容	培训建议	课堂学时
2. 宴会设计与菜单制定	2-1 宴会与酒会的摆台设计与装饰	（4）酒会摆台设计与装饰	1）设主宾席酒会摆台的设计与装饰 2）不设主宾席酒会的摆台设计与装饰	（1）方法：讲授法、案例教学法 （2）重点：不设主宾席酒会的摆台设计与装饰 （3）难点：设主宾席酒会的摆台设计与装饰	1
		（5）宴会摆台设计与装饰	1）不同主题宴会的摆台设计 2）不同主题宴会的装饰要求 ①宴会装饰的类型 ②宴会装饰原料的选用 ③宴会装饰的注意事项	（1）方法：讲授法、案例教学法、讨论法 （2）重点：不同主题宴会的摆台设计 （3）难点：宴会装饰注意事项的灵活运用	1
	2-2 菜单制定	（1）主题餐厅菜单的制定	1）主题餐厅的类型 2）不同主题餐厅菜单的制定 ①咖啡厅菜单 ②扒房菜单 ③快餐厅菜单 ④客房送餐菜单	（1）方法：讲授法、案例教学法、讨论法 （2）重点与难点：不同主题餐厅菜单的制定	1
		（2）宴会菜单的制定	1）宴会概念与特征 2）宴会类型 3）宴会的发展与创新 ①宴会的发展历史 ②宴会的改革创新 4）宴会菜单的作用 5）西式宴会菜单结构 ①头盘 ②汤菜 ③主菜 ④点心、水果 ⑤饮料、酒 6）不同类型宴会菜单的制定 ①传统宴会菜单 ②自助式宴会菜单	（1）方法：讲授法、案例教学法、讨论法 （2）重点与难点：不同类型的宴会菜单的制定	1

续表

模块	课程	学习单元	课程内容	培训建议	课堂学时
2. 宴会设计与菜单制定	2-2 菜单制定	(3) 美食节菜单的制定	1) 时令美食节菜单的制定 ①春季 ②夏季 ③秋季 ④冬季 2) 风味美食节菜单的制定 ①地中海 ②墨西哥 ③北欧 ④东南亚 3) 主题美食节菜单的制定	(1) 方法：讲授法、讨论法、案例教学法 (2) 重点：时令美食节菜单的制定 (3) 难点：风味美食节菜单的制定	1
		(4) 英语菜单的编制、书写	1) 主题餐厅英语菜单的编制、书写 ①咖啡厅菜单 ②扒房菜单 ③快餐厅菜单 ④客房送餐菜单 2) 宴会英语菜单的编制、书写 ①正式宴会菜单 ②鸡尾酒会菜单 ③冷餐会菜单 3) 美食节英语菜单的编制、书写 ①时令美食节菜单 ②风味美食节菜单 ③主题美食节菜单	(1) 方法：讲授法、讨论法、案例教学法 (2) 重点：主题餐厅英语菜单的编制、书写 (3) 难点：宴会英语菜单的编制、书写	1
3. 厨房管理	3-1 人员配备	(1) 厨房组织结构及各岗位人员的调配	1) 厨房组织结构的设置 2) 厨房各岗位人员的调配	(1) 方法：讲授法、案例教学法 (2) 重点与难点：厨房各岗位人员的调配	1

续表

模块	课程	学习单元	课程内容	培训建议	课堂学时
3. 厨房管理	3-1 人员配备	（2）厨房各岗位职责的制定	1）厨师长岗位职责的制定 2）初加工岗位职责的制定 3）冷厨房岗位职责的制定 4）热厨房岗位职责的制定 5）点心房岗位职责的制定	（1）方法：讲授法、案例教学法 （2）重点与难点：厨师长岗位职责的制定	1
	3-2 宴会安排	（1）宴会菜肴的制作	1）宴会菜肴制作的特点 2）宴会菜肴生产过程 ①制订生产计划 ②烹饪原料准备 ③辅助加工阶段 ④基本加工阶段 ⑤烹饪与装盘加工阶段 ⑥菜品成品输出阶段 3）宴会菜肴生产设计的要求	（1）方法：讲授法、案例教学法、讨论法 （2）重点与难点：宴会菜肴制作生产过程	1
		（2）宴会菜肴制作实施方案的实施	1）宴会菜肴生产工艺设计的方法 2）宴会菜肴生产实施方案编制的内容 ①宴会菜品生产工艺设计书 ②宴会菜品用料单 ③原材料订购计划单 ④宴会生产分工与完成时间计划 ⑤生产设备与餐具使用计划 ⑥影响宴会生产的因素与处理预案 3）宴会菜肴生产实施方案的编制步骤 4）宴会菜肴生产的组织实施步骤	（1）方法：讲授法、案例教学法、讨论法 （2）重点与难点：宴会菜品生产实施方案编制的内容	1

续表

模块	课程	学习单元	课程内容	培训建议	课堂学时
3. 厨房管理	3-2 宴会安排	（3）宴会服务概述	1）宴会服务的意义与作用 ①宴会服务的意义 ②宴会服务的特点 ③宴会服务的作用 2）宴会服务程序设计 ①西式宴会服务程序设计 ②鸡尾酒会服务程序设计 ③冷餐会服务程序设计	（1）方法：讲授法、案例教学法、讨论法 （2）重点：宴会服务的意义与作用 （3）难点：宴会服务程序设计	1
		（4）协调宴会服务的方案实施	1）人员分工计划 2）宴会场景布置计划 3）宴会物品准备计划 4）开宴前的检查工作计划 5）宴会现场指挥管理计划 6）宴会结束工作计划 7）宴会服务实施方案的编制步骤 8）宴会服务的组织实施	（1）方法：讲授法、案例教学法、讨论法 （2）重点：宴会服务实施方案的编制 （3）难点：宴会现场指挥管理	2
		（5）主题性展台的设计与展台美化、装饰	1）主题性展台的概述 ①主题性展台的特点 ②主题性展台的作用 ③主题性展台的设计步骤 2）主题性展台实例 3）重大活动主题性展台的设计 ①重大节日主题性展台 ②重大活动主题性展台 4）主题性展台美化、装饰实例 ①利用相应花草、果蔬装饰 ②采用符合主题的装饰物装饰 ③灯光装饰 ④其他装饰	（1）方法：讲授法、案例教学法、讨论法 （2）重点：重大活动主题性展台的设计 （3）难点：主题性展台美化、装饰实例的掌握	1

续表

模块	课程	学习单元	课程内容	培训建议	课堂学时
3. 厨房管理	3-3 成本控制与食品管理	(1)厨房管理和成本管理的概述	1)厨房管理的概述 ①厨房管理的定义 ②厨房管理的内容 ③厨房管理的作用 2)成本管理的概述 ①成本管理的定义 ②成本管理的内容 ③成本管理的作用	(1)方法:讲授法、案例教学法、讨论法 (2)重点:厨房管理的内容和作用 (3)难点:成本管理的内容和作用	1
		(2)厨房产品的成本控制	1)厨房加工过程的成本控制 2)厨房配制过程的成本控制 3)厨房烹调过程的成本控制	(1)方法:讲授法、案例教学法、讨论法 (2)重点:厨房配制过程的成本控制 (3)难点:厨房烹调过程的成本控制	2
		(3)食品加工环节中控制食品卫生和安全	1)初加工岗位的卫生和安全控制 2)冷菜岗位的卫生和安全控制 3)热菜岗位的卫生和安全控制 4)点心岗位的卫生和安全控制	(1)方法:讲授法、案例教学法、讨论法 (2)重点:热菜岗位的卫生和安全控制 (3)难点:冷菜岗位的卫生和安全控制	2
		(4)运用HACCP的危险管控	1)HACCP的概念 2)HACCP的发展 3)HACCP的基本原理 4)HACCP的实施步骤 ①对菜品进行分类 ②菜品描述 ③餐饮业常见的关键控制点 ④危害分析与关键控制点的确定 ⑤制定HACCP计划表	(1)方法:讲授法、案例教学法、讨论法 (2)重点:危害分析与关键控制点的确定 (3)难点:制定与实施HACCP计划表	2

续表

模块	课程	学习单元	课程内容	培训建议	课堂学时
3. 厨房管理	3-4 厨房布局	（1）影响厨房布局的因素	1）厨房布局概述 ①厨房布局的定义 ②厨房布局的原则 ③厨房布局的作用 2）影响厨房位置的因素 3）影响厨房面积的因素	（1）方法：讲授法、案例教学法 （2）重点：影响厨房位置的因素 （3）难点：影响厨房面积的因素	1
		（2）西餐厨房布局与设备配置	1）西餐厨房布局 ① L 形西餐厨房布局 ②直线形西餐厨房布局 ③平行形西餐厨房布局 ④ U 形西餐厨房布局 2）西餐厨房设备配置的种类和数量	（1）方法：讲授法、案例教学法、讨论法 （2）重点：西餐厨房布局 （3）难点：西餐厨房的设备种类	1
4. 指导与创新	4-1 培训	（1）本专业培训计划编制与实施	1）培训计划的概念 2）培训计划编写原则 3）培训计划编写 4）培训实施 5）常见培训教学法	（1）方法：项目教学法 （2）重点与难点：培训计划的编写	1
		（2）二级/技师及以下员工的技术指导	1）技术指导方案的格式和实例 2）技术指导注意事项	（1）方法：讲授法、案例教学法 （2）重点与难点：技术指导方案的格式和注意事项	1
		（3）二级/技师及以下员工进行厨房英语及听说培训	1）英语教学内容多媒体课件的制作 ①英语菜单 ②英语情景会话 ③英语工作计划与总结 2）多媒体课件的教学运用 3）厨房英语及听说培训方法与实例	（1）方法：讲授法、案例教学法、讨论法 （2）重点与难点：厨房英语及听说培训方法与实例	4

续表

模块	课程	学习单元	课程内容	培训建议	课堂学时
4. 指导与创新	4–2 技术研究	（1）西式烹调行业的工艺难题的研究	1）烹调过程中的热传递 ①基本概念 ②烹调过程中的热传递方式 ③原料内部的热传递 2）味觉基本知识 ①味觉的概念与分类 ②影响味觉的因素 ③主要味觉的理化性质 3）菜肴的颜色 ①菜肴颜色的意义与作用 ②菜肴的天然色泽 ③菜肴在加工烹调过程中颜色的变化和保护方法 4）菜肴的香气 ①香气的意义与产生 ②菜肴的香气成分 ③菜肴香气成分的保护 5）烹调中的理化变化 ①碳水化合物的变化 ②蛋白质的变化 ③其他营养素的变化 6）利用烹调原理对工艺难题进行研究分析并提出解决方案 ①菜肴色泽不佳，改善色泽 ②菜肴香味不佳，改善香味 ③菜肴味道不佳，改善味道 ④菜肴形态不佳，改善形态 ⑤菜肴质感不佳，改善质感	（1）方法：讲授法、案例教学法、讨论法 （2）重点：菜肴在加工烹调过程中颜色的变化和保护方法 （3）难点：利用烹调原理对工艺难题研究分析并提出解决方案	2

续表

模块	课程	学习单元	课程内容	培训建议	课堂学时
4. 指导与创新	4–2 技术研究	（2）专业技术研究论文的写作	1）专业技术研究论文的定义 2）专业技术研究论文的特点 3）专业技术研究论文写作的一般程序 ①选题 ②写作构思 ③拟写提纲 ④起草行文 4）专业技术研究论文写作的基本要求 ①文题 ②作者署名 ③内容摘要 ④引言 ⑤讨论（主体部分） ⑥结论 ⑦参考文献 ⑧写作步骤	（1）方法：讲授法、案例教学法、讨论法 （2）重点：论文写作构思 （3）难点：论文中讨论（主体部分）的写作	2
课堂学时合计					58

2.2.7 培训建议中培训方法说明

1. 讲授法

讲授法指教师主要运用语言讲述，系统地向学员传授知识，传播思想观念。即教师通过描述、解释、推论来传递信息、传授知识、阐明概念、论证定律和公式，引导学员获取知识，认识和分析问题。

2. 讨论法

讨论法指在教师的指导下，学员以班级或小组为单位，围绕学习单元的内容，对某一专题进行深入探讨，通过讨论或辩论，从而获得知识或巩固知识的一种教学方法，要求教师在讨论结束时对讨论的主题做归纳性总结。

3. 演示法

演示法指在教学过程中，教师通过示范操作和讲解使学员获得知识、技能的教学方法。教学中，教师对操作内容进行现场演示，边操作边讲解，强调操作的关键步骤和注意事项，使学员边学边做，理论与技能相结合，师生互动，提高学生的学习兴趣和学习效率。

4. 案例教学法

案例教学法指通过对案例进行分析，提出问题，分析问题，并找到解决问题的途径和手段，培养学员分析问题、处理问题的能力。

2.3 考核规范

2.3.1 职业基本素质培训考核规范

考核范围	考核比重（%）	考核内容	考核比重（%）	考核单元
1. 职业认知与职业道德	15	1-1 职业认知	5	职业认知
		1-2 职业道德基本知识与职业守则	10	道德、职业道德与职业守则
2. 烹饪原料基础知识	20	2-1 西餐原料的概述	2	西餐原料的概述
		2-2 原料的特性	4	原料的特性
		2-3 原料的选择与鉴别	8	原料的选择与鉴定
		2-4 原料的保管与储藏	6	原料的保管与储藏
3. 营养知识	25	3-1 食物的消化与吸收	3	（1）食物的消化与食物的吸收
				（2）食物消化吸收与烹饪的关系
		3-2 人体必需的营养素	5	六大营养素
		3-3 原料的营养价值	10	（1）植物性原料营养价值
				（2）动物性原料营养价值
		3-4 平衡膳食	7	（1）平衡膳食
				（2）中国居民膳食指南

续表

考核范围	考核比重（%）	考核内容	考核比重（%）	考核单元
4. 食品卫生	20	4-1 食品污染及预防	5	（1）食品污染的概念及类型
				（2）各类食品污染及其预防
		4-2 食物中毒及预防	5	（1）食源性疾病与食物中毒
				（2）食物中毒的类型
				（3）食物中毒事故的处理
		4-3 烹饪原料的卫生与安全	3	各类原料的卫生
		4-4 烹饪工艺的卫生与安全	4	（1）原料初加工工艺卫生与安全
				（2）烹饪制作卫生与安全
		4-5 饮食卫生要求	3	（1）个人卫生
				（2）餐饮企业的环境卫生
				（3）食品生产、储存、销售过程的卫生要求
5. 厨房安全知识	10	5-1 安全用电知识	3	（1）厨房安全用电
				（2）触电的现场救护
		5-2 防火防爆与安全知识	3	（1）防火知识
				（2）防爆知识
		5-3 设备、工具的安全使用与保养	4	（1）设备的安全使用与保养
				（2）工具的安全使用与保养
6. 相关法律、法规知识	10	6-1 法律知识	5	法律知识
		6-2 法规知识	5	法规知识

2.3.2 五级 / 初级职业技能培训理论知识考核规范

考核范围	考核比重（%）	考核内容	考核比重（%）	考核单元
1. 岗前准备	5	个人、工作环境及工具准备	5	个人、工作环境及工具准备
2. 原料加工	15	2-1 植物性原料加工	5	（1）蔬菜的清洗、切削
				（2）蔬菜的切割成形
		2-2 动物性原料加工	10	（1）鱼类宰杀、清洗
				（2）猪排、鸡排、鱼排的切割

续表

考核范围	考核比重（%）	考核内容	考核比重（%）	考核单元
3. 冷菜烹调	40	3-1 冷菜调味汁制作	10	（1）蛋黄酱的制作与保存
				（2）油醋汁的制作与保存
				（3）蔬果莎莎汁的制作与保存
		3-2 色拉制作	20	（1）色拉的概述
				（2）生菜色拉的制作
				（3）水果色拉的制作
				（4）土豆色拉的制作
		3-3 三明治制作	10	（1）三明治的概述
				（2）热三明治的制作
				（3）冷三明治的制作
4. 热菜烹调	40	4-1 基础汤制作	10	（1）基础汤的概述
				（2）牛骨汤的制作
				（3）鸡骨汤的制作
				（4）鱼骨汤的制作
		4-2 少司制作	10	（1）少司基础知识
				（2）布朗少司的制作
				（3）白色基础少司的制作
				（4）番茄少司的制作
		4-3 热菜加工	20	（1）用炸的烹调方法制作猪排、鸡排、鱼排等菜肴
				（2）用煎的烹调方法制作汉堡包、热狗等菜肴
				（3）用烤的烹调方法制作鸡翅、鸡腿等菜肴
				（4）配菜知识
				（5）用炒的烹调方法制作蔬菜类、淀粉类配菜菜肴
				（6）用煮的烹调方法制作蛋类菜肴

2.3.3 五级 / 初级职业技能培训操作技能考核规范

<table>
<tr><th>考核范围</th><th>考核比重（%）</th><th colspan="2">考核内容</th><th>考核比重（%）</th><th>考核形式</th><th>选考方式</th><th>考核时间（分钟）</th><th>重要程度</th></tr>
<tr><td rowspan="5">西式烹调五级 / 初级</td><td rowspan="5">100</td><td colspan="2">岗前准备（基本素质）</td><td>10</td><td>实操</td><td>必考</td><td>过程考试</td><td>Z</td></tr>
<tr><td colspan="2">原料初加工（蔬菜橄榄加工）</td><td>15</td><td>实操</td><td>必考</td><td>10</td><td>Y</td></tr>
<tr><td rowspan="2">冷菜烹调</td><td>沙拉一个</td><td>20</td><td>实操</td><td>必考</td><td>15</td><td>X</td></tr>
<tr><td>三明治一个</td><td>15</td><td>实操</td><td>必考</td><td>15</td><td>X</td></tr>
<tr><td colspan="2">热菜烹调（指定热菜二个）</td><td>40</td><td>实操</td><td>必考</td><td>50</td><td>X</td></tr>
</table>

2.3.4 四级 / 中级职业技能培训理论知识考核规范

<table>
<tr><th>考核范围</th><th>考核比重（%）</th><th>考核内容</th><th>考核比重（%）</th><th>考核单元</th></tr>
<tr><td rowspan="9">1. 原料加工</td><td rowspan="9">20</td><td rowspan="3">1-1 动物性原料的粗加工</td><td rowspan="3">10</td><td>（1）鱼类剔鱼柳及分档取料</td></tr>
<tr><td>（2）禽类的分档取料</td></tr>
<tr><td>（3）虾蟹类、贝壳类、软体类的粗加工</td></tr>
<tr><td rowspan="6">1-2 动物性原料的精加工</td><td rowspan="6">10</td><td>（1）带骨羊排的切割成形</td></tr>
<tr><td>（2）不带骨羊排的切割成形</td></tr>
<tr><td>（3）牛脊背部的切割成形</td></tr>
<tr><td>（4）牛里脊的切割成形</td></tr>
<tr><td>（5）鱼柳的切割成形</td></tr>
<tr><td>（6）肉类卷的加工</td></tr>
</table>

续表

考核范围	考核比重（%）	考核内容	考核比重（%）	考核单元
2. 冷菜烹调	35	2-1　冷菜调味汁制作	10	（1）蛋黄酱的衍生调味汁
				（2）恺撒汁的制作
				（3）法国汁的制作
		2-2　色拉制作	15	（1）鸡肉类色拉的制作
				（2）海鲜类色拉的制作
				（3）冷肉拼盘（两种以上冷切肉）的制作
				（4）胶冻类冷菜的制作
		2-3　冷汤制作	10	（1）蔬菜冷汤的制作
				（2）奶制品冷汤的制作
3. 热菜烹调	45	3-1　汤类制作	10	（1）汤菜概述
				（2）奶油汤的制作
				（3）牛肉浓汤的制作
				（4）蔬菜汤的制作
		3-2　少司制作	15	（1）用布朗少司制作鸡肉少司
				（2）用布朗少司制作牛肉少司
				（3）用布朗少司制作羊肉少司
				（4）用奶油少司制作鱼类、贝壳类少司
		3-3　热菜制作	20	（1）用煮、炒的烹调方法制作意大利面食
				（2）用焗、烤的烹调方法制作意大利比萨、西班牙海鲜饭
				（3）用蒸、烤的烹调方法制作海鲜类菜肴
				（4）用煎、烤的烹调方法制作肉排、鱼柳等菜肴

2.3.5 四级 / 中级职业技能培训操作技能考核规范

<table>
<tr><th>考核范围</th><th>考核比重（%）</th><th colspan="2">考核内容</th><th>考核比重（%）</th><th>考核形式</th><th>选考方式</th><th>考核时间（分钟）</th><th>重要程度</th></tr>
<tr><td rowspan="7">西式烹调四级 / 中级</td><td rowspan="7">100</td><td colspan="2">岗前准备（基本素质）</td><td>10</td><td>实操</td><td>必考</td><td>过程考试</td><td>Z</td></tr>
<tr><td colspan="2">原料加工（鱼类的分档剔骨出肉一个）</td><td>15</td><td>实操</td><td>必考</td><td>20</td><td>Y</td></tr>
<tr><td rowspan="2">冷菜烹调</td><td>色拉一个</td><td>15</td><td>实操</td><td>必考</td><td rowspan="2">40</td><td>X</td></tr>
<tr><td>冷肉拼盘一个</td><td>20</td><td>实操</td><td>必考</td><td>X</td></tr>
<tr><td rowspan="3">热菜烹调</td><td>汤菜一个</td><td>10</td><td>实操</td><td>必考</td><td rowspan="3">60</td><td>X</td></tr>
<tr><td>指定热菜一个</td><td>15</td><td>实操</td><td>必考</td><td>X</td></tr>
<tr><td>指定原料自选热菜一个</td><td>15</td><td>实操</td><td>必考</td><td>X</td></tr>
</table>

2.3.6 三级 / 高级职业技能培训理论知识考核规范

<table>
<tr><th>考核范围</th><th>考核比重（%）</th><th>考核内容</th><th>考核比重（%）</th><th>考核单元</th></tr>
<tr><td rowspan="4">1. 原料加工</td><td rowspan="4">20</td><td rowspan="2">1-1 原料腌渍</td><td rowspan="2">10</td><td>（1）鸡、鸭等禽类原料的腌渍</td></tr>
<tr><td>（2）畜肉原料的腌渍</td></tr>
<tr><td rowspan="2">1-2 原料成形</td><td rowspan="2">10</td><td>（1）禽类进行烧烤前的捆扎成形</td></tr>
<tr><td>（2）畜类进行烧烤前的捆扎成形</td></tr>
</table>

续表

考核范围	考核比重（%）	考核内容	考核比重（%）	考核单元
2．冷菜烹调	40	2-1　冷菜调味汁制作	10	（1）奶酪调味汁的制作
				（2）新鲜香料调味汁的制作
				（3）芥末酱、芥末粉调味汁的制作
		2-2　冷菜加工与拼摆	30	（1）烟熏三文鱼的制作
				（2）海鲜拼盘（两种以上海鲜）的制作
				（3）海鲜塔林的制作
				（4）禽类派的制作
				（5）鹅肝酱的制作
3．热菜烹调	40	3-1　汤类制作	10	（1）茸汤的制作
				（2）鸡肉、牛肉清汤的制作
		3-2　少司制作	10	（1）芝士少司的制作
				（2）芥末少司的制作
				（3）蔬果少司的制作
				（4）黄油少司的制作
		3-3　热菜制作	20	（1）西式切配表演概述
				（2）用烤的烹调方法制作火鸡、整鹅、乳猪、羊腿、牛排等现场切割菜肴
				（3）用煎的烹调方法制作鹅肝、鸭肝菜肴
				（4）用焖的烹调方法制作禽类菜肴
				（5）用扒的烹调方法制作牛排、羊排、猪排、鱼柳等菜肴
				（6）用焗的烹调方法制作海鲜类菜肴
				（7）用蒸的烹调方法制作贝壳类菜肴
				（8）用混合烹调方法制作石斑鱼、龙虾、蜗牛等菜肴

2.3.7 三级 / 高级职业技能培训操作技能考核规范

<table>
<tr><th>考核范围</th><th>考核比重（%）</th><th colspan="2">考核内容</th><th>考核比重（%）</th><th>考核形式</th><th>选考方式</th><th>考核时间（分钟）</th><th>重要程度</th></tr>
<tr><td rowspan="7">西式烹调三级/高级</td><td rowspan="7">100</td><td colspan="2">原料加工（禽类或畜类烧烤前的捆扎成形一个）</td><td>20</td><td>实操</td><td>必考</td><td>20</td><td>Y</td></tr>
<tr><td rowspan="2">冷菜制作</td><td>海鲜拼盘一个</td><td>15</td><td>实操</td><td>必考</td><td rowspan="2">60</td><td>X</td></tr>
<tr><td>海鲜塔林或禽类派一个</td><td>15</td><td>实操</td><td>必考</td><td>X</td></tr>
<tr><td rowspan="4">热菜制作</td><td>汤菜一个</td><td>10</td><td>实操</td><td>必考</td><td rowspan="4">100</td><td>X</td></tr>
<tr><td>指定热菜一个</td><td>10</td><td>实操</td><td>必考</td><td>X</td></tr>
<tr><td>指定原料自选热菜一个</td><td>15</td><td>实操</td><td>必考</td><td>X</td></tr>
<tr><td>自选原料自选热菜一个</td><td>15</td><td>实操</td><td>必考</td><td>X</td></tr>
</table>

2.3.8 二级 / 技师职业技能培训理论知识考核规范

<table>
<tr><th>考核范围</th><th>考核比重（%）</th><th>考核内容</th><th>考核比重（%）</th><th>考核单元</th></tr>
<tr><td rowspan="4">1. 原料加工</td><td rowspan="4">10</td><td rowspan="2">1-1 原料加工</td><td rowspan="2">5</td><td>（1）禽类的整体脱骨</td></tr>
<tr><td>（2）海鲜卷的加工</td></tr>
<tr><td rowspan="2">1-2 原料腌渍</td><td rowspan="2">5</td><td>（1）风味禽类产品的腌渍</td></tr>
<tr><td>（2）烟熏海鲜产品的腌渍</td></tr>
</table>

续表

考核范围	考核比重（%）	考核内容	考核比重（%）	考核单元
2. 冷菜烹调	25	2-1 冷菜调味汁制作	10	（1）海鲜调味汁的制作
				（2）水果调味汁的制作
				（3）坚果为原料调味汁的制作
				（4）日式调味汁的制作
		2-2 冷菜加工	15	（1）肉类、海鲜、水果为原料色拉的制作
				（2）日式刺身拼盘的制作
				（3）镜面水果的制作
				（4）果雕装饰的制作
3. 热菜烹调	25	3-1 汤类制作	5	（1）鹿肉等清汤的制作
				（2）菌菇类茸汤的制作
				（3）应用分子料理胶囊技术奶油蔬菜汤的制作
		3-2 少司制作	5	（1）黑菌、松茸为原料少司的制作
				（2）酒为原料少司的制作
				（3）分子料理泡沫技术少司的制作
		3-3 热菜加工	10	（1）烤制填馅菜肴的制作
				（2）烤制酥皮肉类和鱼类菜肴的制作
				（3）油浸禽类菜肴的制作
				（4）烩制鹿肉等菜肴的制作
				（5）隔水烤制慕斯类菜肴的制作
				（6）低温慢煮畜肉类、海鲜类菜肴的制作
		3-4 甜品制作	5	（1）水果派的制作
				（2）蛋挞的制作
				（3）布丁的制作

续表

考核范围	考核比重（%）	考核内容	考核比重（%）	考核单元
4. 菜单设计	20	4-1 套餐菜单设计	5	（1）菜单设计概述
				（2）套餐菜单的设计
		4-2 季节菜单设计	7	（1）按不同季节编制时令菜单
				（2）按不同季节编制美食节菜单
		4-3 点菜菜单设计	8	（1）零点及零点菜单组合设计
				（2）酒会菜单的组合设计
5. 指导与创新	20	5-1 培训指导	10	（1）三级 / 高级工以下员工的技术指导
				（2）三级 / 高级工及以下员工的岗位操作技能分析和总结
				（3）三级 / 高级工及以下员工厨房英语培训
		5-2 工艺创新	10	（1）传统菜肴改良创新
				（2）用新原料、新设备进行菜肴开发
				（3）当地食材与传统菜肴的有机融合

2.3.9 二级 / 技师职业技能培训操作技能考核规范

考核范围	考核比重（%）	考核内容		考核比重（%）	考核形式	选考方式	考核时间（分钟）	重要程度
西式烹调二级 / 技师	100	原料加工	禽类的整体脱骨或海鲜卷的加工一个	10	实操	必考	30	X
		冷菜烹调	指定冷菜二个	20	实操	必考	60	X
		热菜烹调	指定汤菜一个、热菜一个、甜点一个	30	实操	必考	90	X

续表

考核范围	考核比重（%）	考核内容		考核比重（%）	考核形式	选考方式	考核时间（分钟）	重要程度
西式烹调二级/技师	100	菜单设计	西式五道套餐菜单设计一题	25	笔试	必考	60	X
		指导与创新	厨房生产管理培训教案编写一题	15	笔试	必考		X

2.3.10　一级/高级技师职业技能培训理论知识考核规范

考核范围	考核比重（%）	考核内容	考核比重（%）	考核单元
1. 经典菜肴制作与创新	30	1-1　经典菜肴制作	20	（1）欧美经典菜肴的制作
				（2）亚洲经典菜肴的制作
				（3）制作菜肴过程中的技术难题的解决
		1-2　菜肴创新	10	（1）对自己擅长菜系的分析
				（2）对自己擅长菜系的创新
2. 宴会设计与菜单制定	20	2-1　宴会与酒会的摆台设计与装饰	10	（1）主题雕刻工艺
				（2）器皿知识
				（3）酒会台面与台形设计
				（4）酒会摆台设计与装饰
				（5）宴会摆台设计与装饰
		2-2　菜单制定	10	（1）主题餐厅菜单的制定
				（2）宴会菜单的制定
				（3）美食节菜单的制定
				（4）英语菜单的编制、书写

续表

考核范围	考核比重（%）	考核内容	考核比重（%）	考核单元
3. 厨房管理	25	3-1　人员配备	5	（1）厨房组织结构及各岗位人员的调配
				（2）厨房各岗位职责的制定
		3-2　宴会安排	10	（1）宴会菜肴的制作
				（2）宴会菜肴制作实施方案的编制
				（3）宴会服务的概述
				（4）协调宴会服务的方案实施
				（5）主题性展台的设计与展台美化、装饰
		3-3　成本控制与食品管理	5	（1）厨房管理和成本管理的概述
				（2）厨房产品成本控制
				（3）食品加工环节中控制食品卫生和安全
				（4）运用 HACCP 的危险管控
		3-4　厨房布局	5	（1）影响厨房布局的因素
				（2）西餐厨房布局与设备配置
4. 指导与创新	25	4-1　培训	15	（1）本专业培训计划编制与实施
				（2）二级 / 技师及以下员工的技术指导
				（3）二级 / 技师及以下员工厨房英语及听说培训
		4-2　技术研究	10	（1）西式烹调工艺的难题的研究
				（2）专业技术研究论文的写作

2.3.11 一级 / 高级技师职业技能培训操作技能考核规范

<table>
<tr><th>考核范围</th><th>考核比重（%）</th><th colspan="2">考核内容</th><th>考核比重（%）</th><th>考核形式</th><th>选考方式</th><th>考核时间（分钟）</th><th>重要程度</th></tr>
<tr><td rowspan="10">西式烹调一级 / 高级技师</td><td rowspan="10">100</td><td rowspan="3">经典菜肴制作与创新</td><td>欧美经典菜肴一个</td><td>8</td><td>实操</td><td>必考</td><td rowspan="3">150</td><td>X</td></tr>
<tr><td>亚洲经典菜肴一个</td><td>7</td><td>实操</td><td>必考</td><td>X</td></tr>
<tr><td>本菜系创新菜一个</td><td>10</td><td>实操</td><td>必考</td><td>X</td></tr>
<tr><td rowspan="3">宴会设计与菜单制定</td><td>主题宴会菜单的制定一题</td><td>15</td><td>笔试</td><td>必考</td><td rowspan="3">40</td><td>Y</td></tr>
<tr><td>宴会菜肴制作实施方案的编制一题</td><td rowspan="2">10</td><td rowspan="2">笔试</td><td rowspan="2">必考（二选一）</td><td rowspan="2">X</td></tr>
<tr><td>协调宴会服务的实施方案一题</td></tr>
<tr><td rowspan="2">厨房管理</td><td>西餐厨房布局及各岗位人员配备案例分析一题</td><td>15</td><td>笔试</td><td>必考</td><td rowspan="2">30</td><td>X</td></tr>
<tr><td>菜肴质量管理培训讲义编写一题</td><td>10</td><td>笔试</td><td>必考</td><td>X</td></tr>
<tr><td rowspan="2">指导与创新</td><td>技能培训教案编制一题</td><td>10</td><td>笔试</td><td>必考</td><td rowspan="2">30</td><td>X</td></tr>
<tr><td>菜肴质量案例理论分析与解决方案一题</td><td>15</td><td>笔试</td><td>必考</td><td>X</td></tr>
</table>

附录

培训要求与课程规范对照表

附录 1　职业基本素质培训要求与课程规范对照表

2.1.1　职业基本素质培训要求			2.2.1　职业基本素质培训课程规范			
职业基本素质模块（模块）	培训内容（课程）	培训细目	学习单元	课程内容	培训建议	课堂学时
1. 职业认知与职业道德	1-1　职业认知	（1）西餐职业认知 （2）西式烹调师的工作内容	职业认知	1）西餐职业认知 2）西式烹调师的工作内容	（1）方法：讲授法 （2）重点与难点：西式烹调师的工作内容	1
	1-2　职业道德基本知识与职业守则	（1）道德 （2）职业道德 （3）职业守则	职业道德基本知识与职业守则	1）道德 ①道德的含义 ②维持道德的依据 ③公民道德规范 ④社会主义核心价值观 2）职业道德 ①职业道德的概念 ②各行业共同的道德内容 ③服务态度、服务质量、职业道德三者的关系 ④加强职业道德修养 3）职业守则 ①忠于职守，爱岗敬业 ②讲究质量，注重信誉 ③遵纪守法，讲究公德 ④尊师爱徒，团结协作 ⑤积极进取，开拓创新	（1）方法：讲授法、案例教学法 （2）重点与难点：加强职业道德修养	1
2. 烹饪原料基础知识	2-1　西餐原料的概述	（1）烹饪原料的概念 （2）原料的分类方法 （3）原料的特点	西餐原料的概述	1）烹饪原料的概念 2）原料的分类方法 3）原料的特点	（1）方法：讲授法、案例教学法 （2）重点与难点：原料的特点	1
	2-2　原料的特性	（1）粮食原料的特性 （2）果蔬原料的特性 （3）畜类原料的特性 （4）禽类原料的特性 （5）水产品原料的特性 （6）其他原料的特性	原料的特性	1）粮食原料的特性 2）果蔬原料的特性 3）畜类原料的特性 4）禽类原料的特性 5）水产品原料的特性 6）其他原料的特性	（1）方法：讲授法、案例教学法 （2）重点：果蔬原料的特性 （3）难点：水产品原料的特性	1

续表

<table>
<tr><th colspan="3">2.1.1 职业基本素质培训要求</th><th colspan="4">2.2.1 职业基本素质培训课程规范</th></tr>
<tr><th>职业基本素质模块（模块）</th><th>培训内容（课程）</th><th>培训细目</th><th>学习单元</th><th>课程内容</th><th>培训建议</th><th>课堂学时</th></tr>
<tr><td rowspan="2">2. 烹饪原料基础知识</td><td>2-3 原料的选择与鉴定</td><td>（1）粮食原料的选择与鉴定
（2）果蔬原料的选择与鉴定
（3）畜类原料的选择与鉴定
（4）禽类原料的选择与鉴定
（5）水产品原料的选择与鉴定
（6）其他原料的选择与鉴定</td><td>原料的选择与鉴定</td><td>1）粮食原料的选择与鉴定
2）果蔬原料的选择与鉴定
3）畜类原料的选择与鉴定
4）禽类原料的选择与鉴定
5）水产品原料的选择与鉴定
6）其他原料的选择与鉴定</td><td>（1）方法：讲授法、案例教学法
（2）重点：水产品原料的选择与鉴定
（3）难点：畜类原料的选择与鉴定</td><td>1</td></tr>
<tr><td>2-4 原料的保管与储藏</td><td>（1）粮食原料的保管与储藏
（2）果蔬原料的保管与储藏
（3）畜类原料的保管与储藏
（4）禽类原料的保管与储藏
（5）水产品原料的保管与储藏
（6）其他原料的保管与储藏</td><td>原料的保管与储藏</td><td>1）粮食原料的保管与储藏
2）果蔬原料的保管与储藏
3）畜类原料的保管与储藏
4）禽类原料的保管与储藏
5）水产品原料的保管与储藏
6）其他原料的保管与储藏</td><td>（1）方法：讲授法、案例教学法
（2）重点：水产类原料的保管与储藏
（3）难点：果蔬类原料的保管与储藏</td><td>1</td></tr>
<tr><td rowspan="2">3. 饮食营养知识</td><td rowspan="2">3-1 食物的消化与吸收</td><td rowspan="2">（1）食物的消化
（2）食物的吸收
（3）消化吸收与烹饪的关系</td><td>（1）食物的消化与食物的吸收</td><td>1）人体消化系统的概述
2）食物的消化
3）食物的吸收</td><td>（1）方法：讲授法
（2）重点：消化腺和消化道各个器官
（3）难点：各类营养素不同的消化场所</td><td>1</td></tr>
<tr><td>（2）烹饪与食物消化吸收的关系</td><td>1）烹饪对食物消化吸收的影响
2）合理烹饪
①烹饪原料选择与搭配的原则
②选择合理的烹饪方法</td><td>（1）方法：讲授法、案例教学法
（2）重点与难点：对不同的烹饪原料选择合理的烹饪方法</td><td>1</td></tr>
</table>

续表

2.1.1 职业基本素质培训要求			2.2.1 职业基本素质培训课程规范			
职业基本素质模块（模块）	培训内容（课程）	培训细目	学习单元	课程内容	培训建议	课堂学时
3. 饮食营养知识	3–2 人体必需的营养素	（1）蛋白质的基础知识 （2）脂类的基础知识 （3）碳水化合物的基础知识 （4）维生素的基础知识 （5）矿物质的基础知识 （6）水的基础知识	六大营养素	1）蛋白质的基础知识 2）脂类的基础知识 3）碳水化合物的基础知识 4）维生素的基础知识 5）矿物质的基础知识 6）水的基础知识	（1）方法：讲授法 （2）重点与难点：各类营养素的生理功能、膳食来源及推荐摄入量	1
	3–3 原料的营养价值	（1）粮食原料的营养价值 （2）果蔬原料的营养价值 （3）畜类原料的营养价值 （4）禽类原料的营养价值 （5）水产品原料的营养价值 （6）其他原料的营养价值	（1）植物性原料营养价值	1）粮食原料的营养价值 2）果蔬原料的营养价值	（1）方法：讲授法 （2）重点与难点：各类植物性原料的营养价值	1
			（2）动物性原料营养价值	1）畜类原料的营养价值 2）禽类原料的营养价值 3）水产品原料的营养价值 4）其他原料的营养价值	（1）方法：讲授法 （2）重点与难点：各类动物性原料的营养价值	1
	3–4 平衡膳食	（1）平衡膳食 （2）中国居民膳食指南	（1）平衡膳食	1）平衡膳食的概念 2）平衡膳食的要求	（1）方法：讲授法 （2）重点与难点：平衡膳食的具体要求	1
			（2）中国居民膳食指南	1）一般人群膳食指南 2）中国居民平衡膳食宝塔	（1）方法：讲授法 （2）重点与难点：中国居民平衡膳食宝塔	1

续表

<table>
<tr><th colspan="3">2.1.1　职业基本素质培训要求</th><th colspan="4">2.2.1　职业基本素质培训课程规范</th></tr>
<tr><th>职业基本素质模块（模块）</th><th>培训内容（课程）</th><th>培训细目</th><th>学习单元</th><th>课程内容</th><th>培训建议</th><th>课堂学时</th></tr>
<tr><td rowspan="5">4. 食品卫生</td><td rowspan="2">4-1　食品污染及预防</td><td rowspan="2">（1）食品污染的概念
（2）食品污染的类型
（3）食品的生物性污染及其预防
（4）食品的化学性污染及其预防
（5）食品的物理性污染及其预防</td><td>（1）食品污染的概念及类型</td><td>1）食品污染的概念
2）食品污染的类型
①生物性污染
②化学性污染
③物理性污染</td><td>（1）方法：讲授法
（2）重点与难点：食品污染的概念及分类</td><td>1</td></tr>
<tr><td>（2）各类食品污染及其预防</td><td>1）食品的生物性污染及其预防
①微生物污染及其预防
②寄生虫污染及其预防
2）食品的化学性污染及其预防
①金属毒物污染及其预防
②残留物、禁用物污染及其预防
③加工造成的污染及其预防
3）食品的物理性污染及其预防
①异物污染及其预防
②放射性污染及其预防</td><td>（1）方法：讲授法、案例教学法
（2）重点：各类食品污染及预防措施
（3）难点：食品微生物污染</td><td>1</td></tr>
<tr><td rowspan="3">4-2　食物中毒及预防</td><td rowspan="3">（1）食源性疾病与食物中毒
（2）食物中毒的类型
（3）食物中毒事故的处理</td><td>（1）食源性疾病与食物中毒</td><td>1）食源性疾病
2）食物中毒的概念及特点</td><td>（1）方法：讲授法
（2）重点：食物中毒的概念及分类
（3）难点：食源性疾病与食物中毒的关联与区别</td><td>1</td></tr>
<tr><td>（2）食物中毒的类型</td><td>1）细菌性食物中毒
2）真菌性食物中毒
3）有毒动、植物食物中毒</td><td>（1）方法：讲授法、案例教学法
（2）重点与难点：各类食物中毒的特点与预防措施</td><td>1</td></tr>
<tr><td>（3）食物中毒事故的处理</td><td>1）食物中毒的一般急救处理
2）食物中毒调查处理程序与方法</td><td>（1）方法：讲授法
（2）重点与难点：食物中毒事故的处理方法</td><td>1</td></tr>
</table>

续表

<table>
<tr><th colspan="3">2.1.1　职业基本素质培训要求</th><th colspan="4">2.2.1　职业基本素质培训课程规范</th></tr>
<tr><th>职业基本素质模块（模块）</th><th>培训内容（课程）</th><th>培训细目</th><th>学习单元</th><th>课程内容</th><th>培训建议</th><th>课堂学时</th></tr>
<tr><td rowspan="6">4. 食品卫生</td><td>4–3　烹饪原料的卫生与安全</td><td>（1）粮食原料的卫生与安全
（2）果蔬原料的卫生与安全
（3）畜类原料的卫生与安全
（4）禽类原料的卫生与安全
（5）水产品原料的卫生与安全
（6）其他原料的卫生与安全</td><td>（1）各类原料的卫生与安全</td><td>1）粮食原料的卫生与安全
2）果蔬原料的卫生与安全
3）畜类原料的卫生与安全
4）禽类原料的卫生与安全
5）水产品原料的卫生与安全
6）其他原料的卫生与安全</td><td>（1）方法：讲授法、案例教学法
（2）重点与难点：各类烹饪原料的卫生与安全问题</td><td>1</td></tr>
<tr><td rowspan="2">4–4　烹饪工艺的卫生与安全</td><td rowspan="2">（1）烹饪原料初加工工艺卫生与安全
（2）烹饪制作卫生与安全</td><td>（1）烹饪原料初加工工艺卫生与安全</td><td>1）烹饪原料初加工的一般卫生要求
2）常用原料的初加工卫生</td><td>（1）方法：讲授法
（2）重点与难点：各种初加工工艺可能出现的卫生与安全问题及预防措施</td><td>1</td></tr>
<tr><td>（2）烹饪制作卫生与安全</td><td>1）冷菜制作的卫生与安全
2）热菜制作的卫生与安全</td><td>（1）方法：讲授法
（2）重点与难点：各种烹饪工艺可能出现的卫生与安全问题及预防措施</td><td>1</td></tr>
<tr><td rowspan="3">4–5　饮食卫生要求</td><td rowspan="3">（1）个人卫生
（2）餐饮企业的环境卫生
（3）食品生产、储存、销售过程的卫生要求</td><td>（1）个人卫生</td><td>1）保持手的经常性清洁卫生
2）保持饮食操作卫生
3）保持个人仪容仪表整洁</td><td>（1）方法：讲授法、实训教学法
（2）重点与难点：个人卫生的保持</td><td>1</td></tr>
<tr><td>（2）餐饮企业的环境卫生</td><td>1）餐厅的卫生要求
2）厨房的卫生要求</td><td>（1）方法：讲授法
（2）重点与难点：餐饮企业环境卫生的要求</td><td>1</td></tr>
<tr><td>（3）食品生产、储存、销售过程的卫生要求</td><td>1）食品生产的卫生要求
2）食品储存的卫生要求
3）食品销售的卫生要求</td><td>（1）方法：讲授法
（2）重点与难点：各环节的卫生要求</td><td>1</td></tr>
</table>

续表

2.1.1 职业基本素质培训要求			2.2.1 职业基本素质培训课程规范			
职业基本素质模块（模块）	培训内容（课程）	培训细目	学习单元	课程内容	培训建议	课堂学时
5. 厨房安全知识	5-1 安全用电知识	(1) 厨房安全用电知识 (2) 触电的现场救护	(1) 厨房安全用电	1）厨房安全用电的概念 2）厨房安全用电的意义 3）厨房安全用电制度	(1) 方法：讲授法、案例教学法 (2) 重点与难点：厨房安全用电制度	1
			(2) 触电的现场救护	1）触电的简单诊断 2）触电的现场救护方法	(1) 方法：讲授法、案例教学法 (2) 重点与难点：触电的现场救护方法	1
	5-2 防火防爆与安全知识	(1) 防火知识 (2) 防爆知识	(1) 防火知识	1）火灾的预防 ①由燃料引起的火灾的预防 ②由电器引起的火灾的预防 2）灭火的措施 ①由燃料引起的火灾的灭火方法 ②由电器引起的火灾的灭火方法	(1) 方法：讲授法、案例教学法 (2) 重点与难点：火灾的预防	1
			(2) 防爆知识	1）燃气爆炸的预防 2）微波炉爆炸的预防 3）高压锅爆炸的预防	(1) 方法：讲授法、案例教学法 (2) 重点与难点：燃气爆炸的预防	1
	5-3 设备、工具的安全使用与保养	(1) 设备的安全使用与保养 (2) 工具的安全使用与保养	(1) 设备的安全使用与保养	1）厨房加工设备的安全使用与保养 ①切片机 ②搅拌机 ③绞肉机 2）厨房加热设备的安全使用与保养 ①炉台 ②蒸烤箱 ③电磁灶 3）厨房其他设备的安全使用与保养 ①电热开水器 ②制冷设备	(1) 方法：讲授法、案例教学法 (2) 重点：厨房加工设备的安全使用与保养 (3) 难点：厨房加热设备的安全使用与保养	1
			(2) 工具的安全使用与保养	1）刀具的安全使用与保养 2）砧板的安全使用与保养 3）锅具的安全使用与保养	(1) 方法：讲授法、案例教学法 (2) 重点与难点：刀具和砧板的安全使用与保养	1

续表

2.1.1 职业基本素质培训要求			2.2.1 职业基本素质培训课程规范			
职业基本素质模块（模块）	培训内容（课程）	培训细目	学习单元	课程内容	培训建议	课堂学时
6. 相关法律、法规知识	6-1 法律知识	（1）《中华人民共和国劳动法》 （2）《中华人民共和国食品安全法》 （3）《中华人民共和国环境保护法》	法律知识	1）《中华人民共和国劳动法》 2）《中华人民共和国食品安全法》 3）《中华人民共和国环境保护法》	（1）方法：讲授法、案例教学法 （2）重点与难点：《中华人民共和国食品安全法》	1
	6-2 法规知识	（1）《食品生产许可管理办法》 （2）《餐饮业和集体用餐配送单位卫生规范》	法规知识	1）《食品生产许可管理办法》 2）《餐饮业和集体用餐配送单位卫生规范》	（1）方法：讲授法、案例教学法 （2）重点与难点：《食品生产许可管理办法》	1
课堂学时合计						32

附录 2 五级 / 初级职业技能培训要求与课程规范对照表

2.1.2 五级 / 初级职业技能培训要求				2.2.2 五级 / 初级职业技能培训课程规范			
职业功能模块（模块）	培训内容（课程）	技能目标	培训细目	学习单元	课程内容	培训建议	课堂学时
1. 岗前准备	个人、工作环境及工具准备	能进行个人卫生整理、工服规范穿戴、仪容仪表自查	（1）个人卫生的整理 （2）个人工服的规范穿戴 （3）仪容仪表检查	个人、工作环境及工具准备	1）个人准备 ①个人卫生 ②工服的穿戴 ③仪容仪表 ④熟悉工作任务 2）工作环境准备 ①卫生检查 ②安全检查 ③环境问题 3）工具准备 ①各岗位工具准备 ②各岗位配套盛具准备	（1）方法：讲授法、演示法 （2）重点：工服穿戴、个人仪容仪表 （3）难点：各岗位工具准备	1
		能进行工作环境准备	工作环境卫生检查与准备				
		能进行厨房各岗位工具准备	（1）厨房各岗位工具准备 （2）盛具准备				

续表

2.1.2 五级 / 初级职业技能培训要求				2.2.2 五级 / 初级职业技能培训课程规范			
职业功能模块（模块）	培训内容（课程）	技能目标	培训细目	学习单元	课程内容	培训建议	课堂学时
2. 原料加工	2–1 植物性原料加工	2–1–1 能洗涤、切削蔬菜	(1) 蔬菜原料加工的一般原则 (2) 蔬菜原料的初步加工方法	(1) 蔬菜的清洗、切削	1）蔬菜原料加工的一般原则 2）蔬菜原料的初步加工方法 ①叶菜类 ②根茎类 ③瓜果类 ④花菜类 ⑤豆类	(1) 方法：讲授法、演示法 (2) 重点：蔬菜原料加工的一般原则 (3) 难点：叶菜类蔬菜的初步加工方法	1
		2–1–2 能对蔬菜切割成形	(1) 菜丝的切割 (2) 蔬菜碎末的切割 (3) 蔬菜丁的切割 (4) 蔬菜片的切割 (5) 土豆条的切割 (6) 橄榄形蔬菜的切削	(2) 蔬菜的切割成形	1）菜丝的切法 ①切顺丝 ②切横丝 例：洋葱丝、甜椒丝 2）蔬菜碎末的切法 例：洋葱末、蒜末、欧芹末 3）蔬菜丁的切法 ①小方粒 ②方丁 ③粗块 4）蔬菜片的切法 例：胡萝卜片、土豆片、番茄片 5）土豆条的切法 ①细薯丝 ②薯棍 ③直身薯条 ④波浪薯条 ⑤扒房薯条 6）橄榄形蔬菜的切削 ①小橄榄 ②英式橄榄 ③波都式橄榄	(1) 方法：讲授法、演示法 (2) 重点：菜丝的切法 (3) 难点：橄榄形蔬菜的切削	1

续表

2.1.2 五级 / 初级职业技能培训要求				2.2.2 五级 / 初级职业技能培训课程规范			
职业功能模块（模块）	培训内容（课程）	技能目标	培训细目	学习单元	课程内容	培训建议	课堂学时
2. 原料加工	2–2 动物性原料加工	2–2–1 能宰杀、清洗鲜活鱼类	（1）去鳞、鳃、鳍 （2）摘除内脏 （3）去沙 （4）剥皮 （5）泡烫	（1）鱼类宰杀、清洗	1）去鳞、鳃、鳍 2）摘除内脏 ①剖腹摘取 ②鱼鳃部摘取 3）去沙 4）剥皮 5）泡烫 6）鱼类宰杀、清洗实例	（1）方法：讲授法、演示法 （2）重点：摘除内脏 （3）难点：去沙	1
		2–2–2 能切割猪排、鸡排、鱼排等原料	（1）猪排的切割 （2）鸡排的切割 （3）鱼排的切割	（2）猪排、鸡排、鱼排的切割	1）原料解冻概述 ①解冻原理与要求 ②解冻方法 2）猪排的切割 ①带骨猪排的切割 ②无骨猪排的切割 3）鸡排的切割 4）鱼排的切割	（1）方法：讲授法、演示法 （2）重点：鸡排的切割 （3）难点：带骨猪排的切割	2
3. 冷菜烹调	3–1 冷菜调味汁制作	3–1–1 能制作蛋黄酱	（1）蛋黄酱的制作 （2）蛋黄酱的保存	（1）蛋黄酱的制作与保存	1）蛋黄酱的制作原理 2）蛋黄酱的制作 ①原料 ②工艺流程 ③质量标准 ④制作要点 3）蛋黄酱的保存方法	（1）方法：讲授法、演示法 （2）重点：蛋黄酱的制作 （3）难点：蛋黄酱的质量标准	1
		3–1–2 能制作油醋汁	（1）油醋汁的制作 （2）油醋汁的保存	（2）油醋汁的制作与保存	1）油醋汁的制作原理 2）油醋汁的制作 ①原料 ②工艺流程 ③质量标准 ④制作要点 3）油醋汁的保存方法	（1）方法：讲授法、演示法 （2）重点：油醋汁的制作 （3）难点：油醋汁的质量标准	1

续表

2.1.2　五级 / 初级职业技能培训要求				2.2.2　五级 / 初级职业技能培训课程规范			
职业功能模块（模块）	培训内容（课程）	技能目标	培训细目	学习单元	课程内容	培训建议	课堂学时
3. 冷菜烹调	3-1　冷菜调味汁制作	3-1-3　能制作蔬果莎莎汁	（1）蔬果莎莎汁的制作 （2）蔬果莎莎汁的保存	（3）蔬果莎莎汁的制作与保存	1）蔬果莎莎汁的制作原理 2）蔬果莎莎汁的制作 ①原料 ②工艺流程 ③质量标准 ④制作要点 3）蔬果莎莎汁的保存方法 4）蔬果莎莎汁制作实例	（1）方法：讲授法、演示法 （2）重点：蔬果莎莎汁的制作 （3）难点：蔬果莎莎汁的质量标准	1
	3-2　色拉制作	3-2-1　能制作生菜色拉	（1）生菜色拉的制作 （2）生菜色拉的保存	（1）色拉的概述	1）色拉的概念 2）色拉的组成 3）色拉的种类 4）色拉菜的选用与加工 5）色拉的质量标准 6）色拉的装盘方法	（1）方法：讲授法 （2）重点：色拉菜的选用与加工 （3）难点：色拉的质量标准	1
				（2）生菜色拉的制作	1）生菜色拉的制作原理 2）生菜色拉的制作 ①原料 ②工艺流程 ③质量标准 ④制作要点 3）生菜色拉的保存方法 4）生菜色拉制作实例	（1）方法：讲授法、演示法 （2）重点：生菜色拉工艺流程 （3）难点：生菜色拉制作要点	1
		3-2-2　能制作水果色拉	（1）水果色拉的制作 （2）水果色拉的保存	（3）水果色拉的制作	1）水果色拉的制作原理 2）水果色拉的制作 ①原料 ②工艺流程 ③质量标准 ④制作要点 3）水果色拉的保存方法 4）水果色拉制作实例	（1）方法：讲授法、演示法 （2）重点：水果色拉工艺流程 （3）难点：水果色拉制作要点	1

续表

2.1.2 五级 / 初级职业技能培训要求				2.2.2 五级 / 初级职业技能培训课程规范			
职业功能模块（模块）	培训内容（课程）	技能目标	培训细目	学习单元	课程内容	培训建议	课堂学时
3. 冷菜烹调	3-2 色拉制作	3-2-3 能制作土豆色拉	（1）土豆色拉的制作 （2）土豆色拉的保存	（4）土豆色拉的制作	1）土豆色拉的制作原理 2）土豆色拉的制作 ①原料 ②工艺流程 ③质量标准 ④制作要点 3）土豆色拉的保存方法 4）土豆色拉制作实例	（1）方法：讲授法、演示法 （2）重点：土豆色拉工艺流程 （3）难点：土豆色拉制作要点	1
	3-3 三明治制作	3-3-1 能制作热三明治	（1）热封口式三明治制作 （2）热开口式三明治制作	（1）三明治的概述	1）三明治的构成 2）三明治的种类 3）三明治的原料选择 ①面包种类与选用 ②涂抹酱 ③夹心 4）三明治制作的基础准备工作 5）三明治的成形与装盘 6）三明治的配菜	（1）方法：讲授法 （2）重点：三明治的原料 （3）难点：三明治成形与装盘	1
				（2）热三明治的制作	1）热封口式三明治 ①基本类 ②铁扒类 ③油炸类 2）热开口式三明治 3）热三明治制作实例	（1）方法：讲授法、演示法 （2）重点：铁扒类三明治的制作 （3）难点：油炸类三明治的制作	1
		3-3-2 能制作冷三明治	（1）冷封口式三明治制作 （2）冷开口式三明治制作	（3）冷三明治的制作	1）冷封口式三明治 ①基本类 ②多层类 ③茶用类 2）冷开口式三明治 3）冷三明治制作实例	（1）方法：讲授法、演示法 （2）重点：多层三明治的制作 （3）难点：茶用类三明治的制作	1

续表

2.1.2 五级 / 初级职业技能培训要求				2.2.2 五级 / 初级职业技能培训课程规范			
职业功能模块（模块）	培训内容（课程）	技能目标	培训细目	学习单元	课程内容	培训建议	课堂学时
4. 热菜烹调	4-1 基础汤制作	4-1-1 能制作牛骨汤	（1）牛白色基础汤的制作 （2）牛布朗基础汤的制作	（1）基础汤的概述	1）基础汤的概念 2）基础汤的类型 ①白色基础汤 ②布朗基础汤 ③鱼基础汤 ④蔬菜基础汤 3）基础汤原料选择与加工 ①骨头 ②蔬菜、香料 ③调味料 4）基础汤的制作要点 5）基础汤的保存方法	（1）方法：讲授法 （2）重点：基础汤的原料选择 （3）难点：基础汤的制作要点	1
				（2）牛骨汤的制作	1）牛白色基础汤的制作 ①原料 ②工艺流程 ③质量标准 ④制作要点 2）牛布朗基础汤的制作 ①原料 ②工艺流程 ③质量标准 ④制作要点	（1）方法：讲授法、演示法 （2）重点：牛布朗基础汤的原料 （3）难点：牛布朗基础汤制作的工艺流程	1
		4-1-2 能制作鸡骨汤	（1）鸡白色基础汤的制作 （2）鸡布朗基础汤的制作	（3）鸡骨汤的制作	1）鸡白色基础汤的制作 ①原料 ②工艺流程 ③质量标准 ④制作要点 2）鸡布朗基础汤的制作 ①原料 ②工艺流程 ③质量标准 ④制作要点	（1）方法：讲授法、演示法 （2）重点：鸡白色基础汤的原料 （3）难点：鸡白色基础汤制作的工艺流程	1

续表

2.1.2 五级 / 初级职业技能培训要求				2.2.2 五级 / 初级职业技能培训课程规范			
职业功能模块（模块）	培训内容（课程）	技能目标	培训细目	学习单元	课程内容	培训建议	课堂学时
4. 热菜烹调	4-1 基础汤制作	4-1-3 能制作鱼骨汤	鱼基础汤的制作	（4）鱼骨汤的制作	1）原料 2）工艺流程 3）质量标准 4）制作要点	（1）方法：讲授法、演示法 （2）重点：鱼基础汤的原料 （3）难点：鱼基础汤制作的工艺流程	1
	4-2 少司制作	4-2-1 能制作布朗少司	布朗少司的制作	（1）少司的基础知识	1）少司的概念 2）少司的组成 ①原汤、牛奶或融化的黄油等液体 ②稠化剂 ③调味品 3）少司的作用 4）少司的分类 5）少司的收尾处理技术 6）少司的保存方法	（1）方法：讲授法 （2）重点：少司的组成 （3）难点：少司的收尾处理技术	1
				（2）布朗少司的制作	布朗少司的制作 1）原料 2）工艺流程 3）质量标准 4）制作要点	（1）方法：讲授法、演示法 （2）重点：布朗少司的原料 （3）难点：布朗少司的质量标准	1
		4-2-2 能制作基础奶油少司	（1）贝夏梅尔少司的制作 （2）瓦鲁迪少司的制作	（3）白色基础少司的制作	1）贝夏梅尔少司的制作 ①原料 ②工艺流程 ③质量标准 ④制作要点 2）瓦鲁迪少司的制作 ①原料 ②工艺流程 ③质量标准 ④制作要点	（1）方法：讲授法、演示法 （2）重点：贝夏梅尔少司的制作 （3）难点：贝夏梅尔少司的质量标准	1

续表

2.1.2 五级 / 初级职业技能培训要求				2.2.2 五级 / 初级职业技能培训课程规范			
职业功能模块（模块）	培训内容（课程）	技能目标	培训细目	学习单元	课程内容	培训建议	课堂学时
4. 热菜烹调	4-2 少司制作	4-2-3 能制作番茄少司	番茄少司的制作	（4）番茄少司的制作	番茄少司的制作 1）原料 2）工艺流程 3）质量标准 4）制作要点	（1）方法：讲授法、演示法 （2）重点：番茄少司的制作 （3）难点：番茄少司的质量标准	1
	4-3 热菜加工	4-3-1 能用炸的烹调方法制作猪排、鸡排、鱼排等菜肴	（1）炸火腿奶酪猪排的制作 （2）柠檬炸鸡排的制作 （3）面糊炸鱼排的制作	（1）用炸的烹调方法制作猪排、鸡排、鱼排等菜肴	1）炸的概念 2）炸的类型 ①清炸 ②面包粉炸 ③挂糊炸 3）面糊的类型 ①英式面糊 ②法式面糊 ③一般面糊 4）炸油的选择 5）炸的特点与适用范围 6）炸前准备 ①调味 ②裹粉 ③挂糊 7）炸的工艺流程 8）炸的成熟度的判断 9）炸的制作要点 10）成品的质量标准 11）炸制猪排、鸡排、鱼排等菜肴制作实例	（1）方法：讲授法、演示法 （2）重点：炸的工艺流程 （3）难点：炸的成熟度的判断	4

续表

2.1.2　五级 / 初级职业技能培训要求				2.2.2　五级 / 初级职业技能培训课程规范			
职业功能模块（模块）	培训内容（课程）	技能目标	培训细目	学习单元	课程内容	培训建议	课堂学时
4. 热菜烹调	4–3　热菜加工	4–3–2　能用煎的烹调方法制作汉堡包、热狗等菜肴	（1）加州汉堡的制作 （2）加拿大咸肉包的制作 （3）美式热狗的制作	（2）用煎的烹调方法制作汉堡包、热狗等菜肴	1）煎的概念 2）煎的类型 ①清煎 ②裹面粉煎 ③蘸蛋液煎 ④蘸面包粉煎 3）煎的特点与适用范围 4）煎的制作要点 5）煎制汉堡包、热狗等菜肴制作实例	（1）方法：讲授法、演示法 （2）重点：煎的类型 （3）难点：煎的制作要点与注意事项	4
		4–3–3　能用烤的烹调方法制作鸡翅、鸡腿等菜肴	（1）烤鸡翅配香醋汁的制作 （2）迷迭香烤鸡腿的制作	（3）用烤的烹调方法制作鸡翅、鸡腿等菜肴	1）烤的概念 2）烤的温度范围 3）烤的特点与适用范围 4）烤的制作要点 5）烤制鸡翅、鸡腿等菜肴制作实例	（1）方法：讲授法、演示法 （2）重点：烤的温度范围 （3）难点：烤的制作要点	4
		4–3–4　能用炒的烹调方法制作蔬菜类、淀粉类配菜菜肴	（1）炒时蔬的制作 （2）香草炒意面的制作	（4）配菜知识	1）配菜的概念 2）配菜的作用 3）配菜的使用和规则 4）配菜与主菜的搭配 5）配菜的分类	（1）方法：讲授法 （2）重点：配菜的使用与规则 （3）难点：配菜与主菜的搭配	1

续表

2.1.2 五级 / 初级职业技能培训要求				2.2.2 五级 / 初级职业技能培训课程规范			
职业功能模块（模块）	培训内容（课程）	技能目标	培训细目	学习单元	课程内容	培训建议	课堂学时
4. 热菜烹调	4–3 热菜加工	4–3–4 能用炒的烹调方法制作蔬菜类、淀粉类配菜菜肴	（1）炒时蔬的制作 （2）香草炒意面的制作	（5）用炒的烹调方法制作蔬菜类、淀粉类配菜菜肴	1）炒的概念 2）炒的特点与适用范围 3）炒的操作方法 4）炒的制作要点 5）炒制蔬菜类、淀粉类配菜菜肴制作实例	（1）方法：讲授法、演示法 （2）重点：炒的操作方法 （3）难点：炒的制作要点	4
		4–3–5 能用煮的烹调方法制作蛋类菜肴	（1）煮鸡蛋的制作 （2）水波鸡蛋的制作	（6）用煮的烹调方法制作蛋类菜肴	1）温煮概述 ①概念 ②温度范围 ③特点 ④适用范围 ⑤制作要点 2）温煮制蛋类菜肴制作实例 3）沸煮概述 ①概念 ②传热介质 ③温度范围 ④特点 ⑤适用范围 ⑥制作要点 4）沸煮制蛋类菜肴制作实例	（1）方法：讲授法、演示法 （2）重点：温煮的温度范围 （3）难点：温煮的制作要点	4
课堂学时合计							45

附录 3 四级 / 中级职业技能培训要求与课程规范对照表

2.1.3 四级 / 中级职业技能培训要求				2.2.3 四级 / 中级职业技能培训课程规范			
职业功能模块（模块）	培训内容（课程）	技能目标	培训细目	学习单元	课程内容	培训建议	课堂学时
1. 原料加工	1–1 动物性原料的粗加工	1–1–1 能剔鱼柳及分档取料	（1）半圆形鱼类剔鱼柳及分档取料 （2）平鱼类剔鱼柳及分档取料	（1）鱼类剔鱼柳及分档取料	1）半圆形鱼类剔鱼柳及分档取料 2）平鱼类剔鱼柳及分档取料	（1）方法：讲授法、演示法 （2）重点：半圆形鱼类剔鱼柳及分档取料 （3）难点：平鱼类剔鱼柳及分档取料	1

续表

2.1.3 四级 / 中级职业技能培训要求				2.2.3 四级 / 中级职业技能培训课程规范			
职业功能模块（模块）	培训内容（课程）	技能目标	培训细目	学习单元	课程内容	培训建议	课堂学时
1. 原料加工	1–1 动物性原料的粗加工	1–1–2 能对禽类分档取料	（1）禽肉的分割 （2）鸡排的加工 （3）鸽子和鹌鹑的分档取料	（2）禽类的分档取料	1）禽肉的分割 ①两大块分割法 ②四大块分割法 ③八大块分割法 2）鸡排的加工 3）鸽子和鹌鹑的分档取料	（1）方法：讲授法、演示法 （2）重点：禽肉的八大块分割法 （3）难点：鸡排的加工	1
		1–1–3 能对虾类、贝壳类、软体类等进行粗加工	（1）大虾的粗加工 （2）龙虾的粗加工 （3）蟹的粗加工 （4）牡蛎的粗加工 （5）贻贝的粗加工 （6）扇贝的粗加工 （7）鱿鱼的粗加工	（3）虾蟹类贝壳类、软体类的粗加工	1）虾蟹类的粗加工 ①大虾的粗加工 ②龙虾的粗加工 ③蟹的粗加工 2）贝壳类、软体类的粗加工 ①牡蛎的粗加工 ②贻贝的粗加工 ③扇贝的粗加工 ④鱿鱼的粗加工	（1）方法：讲授法、演示法 （2）重点：龙虾的粗加工 （3）难点：牡蛎的粗加工	1
	1–2 动物性原料的精加工	1–2–1 能将羊排切割成形	（1）肋骨羊排的切割成形 （2）格利羊排的切割成形 （3）羊马鞍的切割成形 （4）腰脊羊排的切割成形 （5）里脊羊排的切割成形	（1）带骨羊排的切割成形	1）肋骨羊排的切割成形 2）格利羊排的切割成形 3）羊马鞍的切割成形	（1）方法：讲授法、演示法 （2）重点：肋骨羊排的切割成形 （3）难点：格利羊排的切割成形	1
				（2）不带骨羊排的切割成形	1）腰脊羊排的切割成形 2）里脊羊排的切割成形	（1）方法：讲授法、演示法 （2）重点：腰脊羊排的切割成形 （3）难点：里脊羊排的切割成形	1

续表

2.1.3 四级 / 中级职业技能培训要求				2.2.3 四级 / 中级职业技能培训课程规范			
职业功能模块（模块）	培训内容（课程）	技能目标	培训细目	学习单元	课程内容	培训建议	课堂学时
1. 原料加工	1–2 动物性原料的精加工	1–2–2 能将牛排切割成形	(1) 肋骨牛排的切割成形 (2) 巴德浩斯牛排的切割成形 (3) T- 骨牛排的切割成形 (4) 肉眼牛排的切割成形 (5) 西冷牛排的切割成形 (6) 米龙菲利牛排的切割成形 (7) 听特浪牛排的切割成形 (8) 小件牛排的切割成形 (9) 薄片牛排的切割成形	(3) 牛脊背部的切割成形	1) 肋骨牛排的切割成形 2) 巴德浩斯牛排的切割成形 3) T – 骨牛排的切割成形 4) 肉眼牛排的切割成形 5) 西冷牛排的切割成形	(1) 方法：讲授法、演示法 (2) 重点：肋骨牛排的切割成形 (3) 难点：肉眼牛排的切割成形	1
				(4) 牛里脊的切割成形	1) 米龙菲利牛排的切割成形 2) 听特浪牛排的切割成形 3) 小件牛排的切割成形 4) 薄片牛排的切割成形	(1) 方法：讲授法、演示法 (2) 重点：米龙菲利牛排的切割成形 (3) 难点：听特浪牛排的切割成形	1
		1–2–3 能将鱼柳切割成形	(1) 蝶形鱼扇的切割成形 (2) 单面鱼扇的切割成形 (3) 鱼扇块的切割成形	(5) 鱼柳的切割成形	1) 蝶形鱼扇的切割成形 2) 单面鱼扇的切割成形 3) 鱼扇块的切割成形	(1) 方法：讲授法、演示法 (2) 重点：鱼扇块的切割成形 (3) 难点：蝶形鱼扇的切割成形	1
		1–2–4 能加工肉类卷	(1) 顺卷的加工 (2) 叠卷的加工	(6) 肉类卷的加工	1) 顺卷的加工 2) 叠卷的加工	(1) 方法：讲授法、演示法 (2) 重点：叠卷的加工 (3) 难点：顺卷的加工	1

续表

<table>
<tr><th colspan="4">2.1.3　四级 / 中级职业技能培训要求</th><th colspan="4">2.2.3　四级 / 中级职业技能培训课程规范</th></tr>
<tr><th>职业功能模块（模块）</th><th>培训内容（课程）</th><th>技能目标</th><th>培训细目</th><th>学习单元</th><th>课程内容</th><th>培训建议</th><th>课堂学时</th></tr>
<tr><td rowspan="4">2. 冷菜烹调</td><td rowspan="3">2-1　冷菜调味汁制作</td><td>2-1-1　能制作蛋黄酱的衍生调味汁</td><td>（1）鞑鞑汁的制作
（2）千岛汁的制作
（3）尼莫利汁的制作</td><td>（1）　蛋黄酱的衍生调味汁</td><td>1）靼鞑汁的制作
①原料
②工艺流程
③质量标准
④制作要点
2）千岛汁的制作
①原料
②工艺流程
③质量标准
④制作要点
3）尼莫利汁的制作
①原料
②工艺流程
③质量标准
④制作要点</td><td>（1）方法：讲授法、演示法
（2）重点：千岛汁的工艺流程
（3）难点：尼莫利汁的质量控制</td><td>1</td></tr>
<tr><td>2-1-2　能制作恺撒汁</td><td>恺撒汁的制作</td><td>（2）　恺撒汁的制作</td><td>1）恺撒汁的制作原理
2）恺撒汁的制作
①原料
②工艺流程
③质量标准
④制作要点</td><td>（1）方法：讲授法、演示法
（2）重点：恺撒汁的工艺流程
（3）难点：恺撒汁的质量控制</td><td>1</td></tr>
<tr><td>2-1-3　能制作法国汁</td><td>法国汁的制作</td><td>（3）　法国汁的制作</td><td>1）法国汁的制作原理
2）法国汁的制作
①原料
②工艺流程
③质量标准
④制作要点</td><td>（1）方法：讲授法、演示法
（2）重点：法国汁的工艺流程
（3）难点：法国汁的质量控制</td><td>1</td></tr>
<tr><td>2-2　色拉制作</td><td>2-2-1　能制作鸡肉类色拉</td><td>（1）熏鸡肉色拉的制作
（2）夏威夷鸡色拉的制作
（3）鸡肉类色拉的保存</td><td>（1）　鸡肉类色拉的制作</td><td>1）鸡肉类色拉的制作
①原料
②工艺流程
③质量标准
④制作要点
2）鸡肉类色拉的保存方法
3）鸡肉类色拉制作实例
①熏鸡肉色拉
②夏威夷鸡色拉</td><td>（1）方法：讲授法、演示法
（2）重点：鸡肉类色拉的制作
（3）难点：鸡肉类色拉制作实例的掌握</td><td>4</td></tr>
</table>

续表

2.1.3 四级 / 中级职业技能培训要求				2.2.3 四级 / 中级职业技能培训课程规范			
职业功能模块（模块）	培训内容（课程）	技能目标	培训细目	学习单元	课程内容	培训建议	课堂学时
2. 冷菜烹调	2–2 色拉制作	2–2–2 能制作海鲜类色拉	（1）夏威夷海鲜色拉的制作 （2）鱿鱼色拉的制作 （3）海鲜类色拉的保管	（2）海鲜类色拉的制作	1）海鲜类色拉的制作 ①原料 ②工艺流程 ③质量标准 ④制作要点 2）海鲜类色拉的保存方法 3）海鲜类色拉制作实例 ①夏威夷海鲜色拉 ②鱿鱼色拉	（1）方法：讲授法、演示法 （2）重点：海鲜类色拉的制作 （3）难点：海鲜类色拉制作实例的掌握	4
		2–2–3 能用两种以上冷切肉制作冷肉拼盘	烟猪通脊与胡椒牛肉冷拼的制作	（3）冷肉拼盘（两种以上冷切肉）的制作	1）冷肉的概念 2）冷肉的适用范围 3）盐腌、卤泡和烟熏工艺应用 ①盐腌 ②卤泡 ③烟熏 4）冷肉拼盘（2种以上）制作实例 烟猪通脊与胡椒牛肉冷拼	（1）方法：讲授法、演示法 （2）重点：盐腌、卤泡和烟熏工艺 （3）难点：冷肉拼盘（2种以上）制作实例的掌握	4
		2–2–4 能制作胶冻类冷菜	（1）胶冻汁的制作 （2）德式猪肉冻的制作 （3）明虾冻的制作	（4）胶冻类冷菜的制作	1）胶冻类菜肴的概念 2）胶冻类菜肴的制作原理 3）胶冻汁的制作 4）胶冻类菜肴的制作 5）胶冻类菜肴制作实例 ①德式猪肉冻 ②明虾冻	（1）方法：讲授法、演示法 （2）重点：胶冻汁的制作 （3）难点：胶冻类菜肴制作实例的掌握	4

续表

2.1.3 四级 / 中级职业技能培训要求				2.2.3 四级 / 中级职业技能培训课程规范			
职业功能模块（模块）	培训内容（课程）	技能目标	培训细目	学习单元	课程内容	培训建议	课堂学时
2. 冷菜烹调	2-3 冷汤制作	2-3-1 能制作蔬菜冷汤	（1）农夫冷汤的制作 （2）冷红菜汤的制作 （3）番茄冷汤的制作	（1）蔬菜冷汤的制作	1）冷汤的概念 2）冷汤的特点 3）冷汤的基础种类 ①热制冷食汤 ②冷制冷食汤 4）蔬菜冷汤制作实例 ①农夫冷汤 ②冷红菜汤 ③番茄冷汤	（1）方法：讲授法、演示法 （2）重点：冷汤的基础种类 （3）难点：蔬菜冷汤制作实例的掌握	2
		2-3-2 能制作奶制品冷汤	（1）青蒜薯汤的制作 （2）冷樱桃汤的制作	（2）奶制品冷汤的制作	1）冷汤的制作 ①原料 ②工艺流程 ③质量标准 ④制作要点 2）奶制品冷汤制作实例 ①青蒜薯汤 ②冷樱桃汤	（1）方法：讲授法、演示法 （2）重点：冷汤的制作 （3）难点：奶制品冷汤制作实例的掌握	2
3. 热菜烹调	3-1 汤类制作	3-1-1 能制作奶油蔬菜汤	（1）芦笋奶油汤的制作 （2）奶油鲜蘑汤的制作 （3）奶油西蓝花汤的制作	（1）汤菜概述	1）汤的概念 2）汤的作用 3）汤的分类与特点 ①清汤 ②浓汤 4）汤菜的制作原理 5）汤菜的装饰点缀及上桌温度 ①装饰点缀的基本要求 ②点缀配料与汤的搭配 ③汤的上桌温度	（1）方法：讲授法 （2）重点：汤菜的分类与特点 （3）难点：点缀配料与汤的恰当搭配	1

续表

2.1.3 四级 / 中级职业技能培训要求				2.2.3 四级 / 中级职业技能培训课程规范			
职业功能模块（模块）	培训内容（课程）	技能目标	培训细目	学习单元	课程内容	培训建议	课堂学时
3. 热菜烹调	3–1 汤类制作	3–1–2 能制作奶油海鲜汤	文蛤奶油汤的制作	（2）奶油汤的制作	1）奶油汤的概念 2）奶油汤的制作原理 3）奶油汤的制作 ①油炒面粉制作 ②调制奶油汤 ③质量标准 ④制作要点 4）奶油蔬菜汤的制作实例 ①芦笋奶油汤 ②奶油鲜蘑汤 ③奶油西蓝花汤 5）奶油海鲜汤制作实例 文蛤奶油汤	（1）方法：讲授法、演示法 （2）重点：奶油汤的制作方法 （3）难点：奶油汤制作实例的掌握	3
		3–1–3 能制作牛肉浓汤	匈牙利牛肉汤的制作	（3）牛肉浓汤的制作	1）浓汤的分类 2）牛肉浓汤的制作 ①原料 ②工艺流程 ③质量标准 ④制作要点 3）牛肉浓汤制作实例 匈牙利牛肉汤	（1）方法：讲授法、演示法 （2）重点：牛肉浓汤的制作方法 （3）难点：牛肉浓汤制作实例的掌握	2
		3–1–4 能制作蔬菜汤	（1）意大利蔬菜汤的制作 （2）罗宋汤的制作 （3）法式洋葱汤的制作	（4）蔬菜汤的制作	1）蔬菜汤的概念 2）蔬菜汤的分类 3）蔬菜汤的制作 ①原料 ②工艺流程 ③质量标准 ④制作要点 4）蔬菜汤制作实例 ①意大利蔬菜汤 ②罗宋汤 ③法式洋葱汤	（1）方法：讲授法、演示法 （2）重点：蔬菜汤的制作方法 （3）难点：蔬菜汤制作实例的掌握	2

续表

2.1.3 四级 / 中级职业技能培训要求				2.2.3 四级 / 中级职业技能培训课程规范			
职业功能模块（模块）	培训内容（课程）	技能目标	培训细目	学习单元	课程内容	培训建议	课堂学时
3. 热菜烹调	3–2 少司制作	3–2–1 能用布朗少司制作鸡肉、牛肉、羊肉少司	（1）迷迭香少司的制作 （2）胡椒少司的制作 （3）红酒少司的制作 （4）蘑菇少司的制作 （5）魔鬼少司的制作	（1）用布朗少司制作鸡肉少司	迷迭香少司的制作 1）原料 2）工艺流程 3）质量标准 4）制作要点	（1）方法：讲授法、演示法 （2）重点：迷迭香少司的制作 （3）难点：迷迭香少司的质量控制	1
				（2）用布朗少司制作牛肉少司	1）胡椒少司的制作 ①原料 ②工艺流程 ③质量标准 ④制作要点 2）红酒少司的制作 ①原料 ②工艺流程 ③质量标准 ④制作要点 3）蘑菇少司的制作 ①原料 ②工艺流程 ③质量标准 ④制作要点	（1）方法：讲授法、演示法 （2）重点：红酒少司的制作 （3）难点：胡椒少司的质量控制	1
				（3）用布朗少司制作羊肉少司	魔鬼少司的制作 1）原料 2）工艺流程 3）质量标准 4）制作要点	（1）方法：讲授法、演示法 （2）重点：魔鬼少司的制作 （3）难点：魔鬼少司的质量控制	1

续表

2.1.3 四级 / 中级职业技能培训要求				2.2.3 四级 / 中级职业技能培训课程规范			
职业功能模块（模块）	培训内容（课程）	技能目标	培训细目	学习单元	课程内容	培训建议	课堂学时
3. 热菜烹调	3-2 少司制作	3-2-2 能用奶油少司制作鱼类、贝壳类少司	（1）莫内少司的制作 （2）番红花奶油少司的制作 （3）欧芹少司的制作 （4）苦艾酒少司的制作	（4）用奶油少司制作鱼类、贝壳类少司	1）莫内少司的制作 ①原料 ②工艺流程 ③质量标准 ④制作要点 2）番红花奶油少司的制作 ①原料 ②工艺流程 ③质量标准 ④制作要点 3）欧芹少司的制作 ①原料 ②工艺流程 ③质量标准 ④制作要点 4）苦艾酒少司的制作 ①原料 ②工艺流程 ③质量标准 ④制作要点	（1）方法：讲授法、演示法 （2）重点：各种奶油少司子少司的制作方法 （3）难点：各种奶油少司子少司的质量控制	2
	3-3 热菜制作	3-3-1 能用煮、炒的烹调方法制作意大利面、意大利饺子、意大利饭	（1）肉酱意大利面的制作 （2）菠菜芝士意大利饺的制作 （3）蘑菇意大利饭的制作	（1）用煮、炒的烹调方法制作意大利面	1）半成品面食种类 ①条带形 ②管形 ③实物形 2）新鲜面食种类 ①面条 ②填馅面食 3）面食加热烹调 ①烹调方法 ②成熟度的把握 4）面食少司 ①面食少司的种类 ②面食、少司及装饰配料的搭配 5）制作实例 ①肉酱意大利面 ②菠菜芝士意大利饺 ③蘑菇意大利饭	（1）方法：讲授法、演示法 （2）重点与难点：意大利面、意大利饺子、意大利饭制作实例的掌握	4

续表

2.1.3　四级 / 中级职业技能培训要求				2.2.3　四级 / 中级职业技能培训课程规范			
职业功能模块（模块）	培训内容（课程）	技能目标	培训细目	学习单元	课程内容	培训建议	课堂学时
3. 热菜烹调	3-3　热菜制作	3-3-2　能用焗、烤的烹调方法制作意大利比萨、西班牙海鲜饭	（1）马格里特比萨的制作 （2）西班牙海鲜饭的制作	（2）用焗、烤的烹调方法制作意大利比萨、西班牙海鲜饭	1）焗的概念 2）焗的特点 3）焗的适用范围 4）焗的制作要点 5）制作实例 ①马格里特比萨 ②西班牙海鲜饭	（1）方法：讲授法、演示法 （2）重点：焗的制作要点 （3）难点：意大利比萨、西班牙海鲜饭制作实例的掌握	4
		3-3-3　能用蒸、烤的烹调方法制作海鲜类菜肴	（1）蒸海鲜的制作 （2）烤海鲜的制作	（3）用蒸、烤的烹调方法制作海鲜类菜肴	1）蒸的概述 ①蒸的概念 ②蒸的方法 ③蒸特点 ④蒸适用范围 ⑤蒸制作要点 2）海鲜的烘烤 ①海鲜的选用 ②调味 ③少司和配料 ④工艺流程 3）蒸制海鲜类菜肴制作实例 4）烤制海鲜类菜肴制作实例	（1）方法：讲授法、演示法 （2）重点：蒸的制作要点 （3）难点：蒸、烤制海鲜类菜肴制作实例的掌握	4
		3-3-4　能用煎、烤的烹调方法制作牛排、羊排、猪排、鱼柳等菜肴	（1）煎牛扒蘑菇少司的制作 （2）香草烤羊排的制作 （3）米兰煎猪排的制作 （4）黄油柠檬少司鱼排的制作	（4）用煎、烤的烹调方法制作肉排、鱼柳等菜肴	1）肉类烹调基本原理 ①温度控制 ②颜色的变化 ③滋味的变化 ④气味的变化 2）畜肉类的煎 ①肉的选用 ②调味 ③成熟度的判断 ④伴食少司 ⑤工艺流程	（1）方法：讲授法、演示法 （2）重点：畜肉的成熟度判断 （3）难点：煎、烤制牛排、羊排、猪排、鱼柳等菜肴制作实例的掌握	4

续表

2.1.3 四级 / 中级职业技能培训要求				2.2.3 四级 / 中级职业技能培训课程规范			
职业功能模块（模块）	培训内容（课程）	技能目标	培训细目	学习单元	课程内容	培训建议	课堂学时
3. 热菜烹调	3–3 热菜制作	3–3–4 能用煎、烤的烹调方法制作牛排、羊排、猪排、鱼柳等菜肴	（1）煎牛扒蘑菇少司的制作 （2）香草烤羊排的制作 （3）米兰煎猪排的制作 （4）黄油柠檬少司鱼排的制作	（4）用煎、烤的烹调方法制作肉排、鱼柳等菜肴	3）畜肉类的烤 ①肉的选用 ②调味 ③温度、时间的掌握 ④成熟度的判断 ⑤后续加热 ⑥伴食少司 ⑦工艺流程 4）水产品的煎炸 ①水产品的选用 ②调味 ③伴食少司 ④工艺流程 5）煎、烤制肉排、鱼柳等菜肴制作实例 ①煎牛扒蘑菇少司 ②香草烤羊排 ③米兰煎猪排 ④黄油柠檬少司鱼排	（1）方法：讲授法、演示法 （2）重点：畜肉的成熟度判断 （3）难点：煎、烤制牛排、羊排、猪排、鱼柳等菜肴制作实例的掌握	4
课堂学时合计							61

附录 4　三级 / 高级职业技能培训要求与课程规范对照表

2.1.4 三级 / 高级职业技能培训要求				2.2.4 三级 / 高级职业技能培训课程规范			
职业功能模块（模块）	培训内容（课程）	技能目标	培训细目	学习单元	课程内容	培训建议	课堂学时
1. 原料加工	1–1 原料腌渍	1–1–1 能腌渍鸡、鸭等禽类原料	（1）一般烹制方法的禽肉腌渍 （2）用于烧烤的禽肉腌渍	（1）鸡、鸭等禽类原料的腌渍	1）腌渍原理 2）禽肉的腌渍要求 ①腌渍液的制作 ②腌渍时间 ③腌渍的制作要点 3）一般烹制方法的禽肉腌渍 4）用于烧烤的禽肉腌渍	（1）方法：讲授法、演示法 （2）重点：一般烹制方法的禽肉腌渍 （3）难点：腌渍液的制作	1

续表

2.1.4 三级 / 高级职业技能培训要求				2.2.4 三级 / 高级职业技能培训课程规范			
职业功能模块（模块）	培训内容（课程）	技能目标	培训细目	学习单元	课程内容	培训建议	课堂学时
1. 原料加工	1-1 原料腌渍	1-1-2 能腌渍牛肉、羊肉等畜类原料	（1）小牛肉的腌渍 （2）成年牛肉、羊肉的腌渍	（2）畜肉原料的腌渍	1）畜肉的腌渍要求 ①腌渍液与不同畜肉的搭配 ②腌渍时间 ③腌渍的制作要点 2）小牛肉的腌渍 3）成年牛肉、羊肉的腌渍	（1）方法：讲授法、演示法 （2）重点：腌渍液与不同畜肉的搭配 （3）难点：腌渍时间的控制	1
	1-2 原料成形	1-2-1 能对禽类进行烧烤前的捆扎成形	禽类的捆扎成形	（1）禽类进行烧烤前的捆扎成形	1）捆扎成形的概述 ①捆扎成形的概念 ②捆扎成形的对象 ③捆扎成形的目的 2）禽类的捆扎成形 ①鸡的捆扎成形 ②火鸡的捆扎成形	（1）方法：讲授法、演示法 （2）重点：鸡的捆扎工艺 （3）重点：火鸡的捆扎工艺	1
		1-2-2 能对畜类进行烧烤前的捆扎成形	（1）小份牛排的捆扎成形 （2）烤牛排的捆扎成形 （3）烤羊肉的捆扎成形	（2）畜类进行烧烤前的捆扎成形	1）小份牛排的捆扎成形 2) 烤牛排的捆扎成形 3）烤羊肉的捆扎成形	（1）方法：讲授法、演示法 （2）重点与难点：烤牛排的捆扎工艺	1
2. 冷菜烹调	2-1 冷菜调味汁制作	2-1-1 能用新鲜香料制作调味汁	蓝奶酪汁的制作	（1）奶酪调味汁的制作	1）奶酪汁的制作 ①原料 ②工艺流程 ③质量标准 ④制作要点 2）奶酪汁制作实例 蓝奶酪汁	（1）方法：讲授法、演示法 （2）重点：奶酪汁的制作 （3）难点：奶酪汁的质量控制	1

续表

2.1.4 三级 / 高级职业技能培训要求				2.2.4 三级 / 高级职业技能培训课程规范			
职业功能模块（模块）	培训内容（课程）	技能目标	培训细目	学习单元	课程内容	培训建议	课堂学时
2. 冷菜烹调	2-1 冷菜调味汁制作	2-1-2 能用新鲜香料制作调味汁	（1）薄荷汁的制作 （2）罗勒酱的制作	（2）新鲜香料调味汁的制作	1）新鲜香料调味汁的制作 ①原料 ②工艺流程 ③质量标准 ④制作要点 2）新鲜香料调味汁制作实例 ①薄荷汁 ②罗勒酱	（1）方法：讲授法、演示法 （2）重点：新鲜香料调味汁的制作 （3）难点：新鲜香料调味汁的质量控制	1
		2-1-3 能用芥末酱、芥末粉制作调味汁	芥末调味汁的制作	（3）芥末酱、芥末粉调味汁的制作	1）芥末调味汁的制作 ①原料 ②工艺流程 ③质量标准 ④制作要点 2）芥末调味汁制作实例 ①芥末酱 ②芥末粉	（1）方法：讲授法、演示法 （2）重点：芥末调味汁的制作 （3）难点：芥末调味汁的质量控制	1
	2-2 冷菜加工与拼摆	2-2-1 能用烟熏方法制作三文鱼	烟熏三文鱼的制作	（1）烟熏三文鱼的制作	1）烟熏的种类 ①冷熏 ②热熏 2）烟熏的设备与用料 3）烟熏三文鱼的制作 ①原料 ②工艺流程 ③质量标准 ④制作要点	（1）方法：讲授法、演示法 （2）重点：烟熏设备的使用 （3）难点：烟熏三文鱼制作要点的掌握	4
		2-2-2 能用两种以上海鲜制作海鲜拼盘	海鲜什锦盘的制作	（2）海鲜拼盘（两种以上海鲜）的制作	1）海鲜拼盘的概述 ①海鲜的选用 ②海鲜的预处理 ③少司与配菜 ④工艺流程 ⑤质量标准 ⑥制作要点 2）海鲜拼盘制作实例 海鲜什锦盘	（1）方法：讲授法、演示法 （2）重点：海鲜拼盘原料选用、预处理 （3）难点：海鲜拼盘制作实例的掌握	4

续表

<table>
<tr><th colspan="4">2.1.4　三级／高级职业技能培训要求</th><th colspan="4">2.2.4　三级／高级职业技能培训课程规范</th></tr>
<tr><th>职业功能模块（模块）</th><th>培训内容（课程）</th><th>技能目标</th><th>培训细目</th><th>学习单元</th><th>课程内容</th><th>培训建议</th><th>课堂学时</th></tr>
<tr><td rowspan="3">2. 冷菜烹调</td><td rowspan="3">2-2　冷菜加工与拼摆</td><td>2-2-3　能制作海鲜塔林</td><td>海鲜塔林的制作</td><td>（3）海鲜塔林的制作</td><td>1）塔林的概述
①塔林的概念
②塔林的分类
③原料
④工艺流程
⑤质量标准
⑥制作要点
2）海鲜塔林的制作</td><td>（1）方法：讲授法、演示法
（2）重点：塔林的工艺流程
（3）难点：海鲜塔林制作要点的掌握</td><td>4</td></tr>
<tr><td>2-2-4　能制作禽类派</td><td>冷鸡肉派的制作</td><td>（4）禽类派的制作</td><td>1）派的概述
①派的概念
②派的分类
③原料
④工艺流程
⑤质量标准
⑥制作要点
2）禽类派制作实例
冷鸡肉派</td><td>（1）方法：讲授法、演示法
（2）重点：派的工艺流程
（3）难点：禽类派制作实例的掌握</td><td>4</td></tr>
<tr><td>2-2-5　能制作鹅肝酱</td><td>法式鹅肝酱的制作</td><td>（5）鹅肝酱的制作</td><td>1）肉酱及其制品的概述
①肉酱原料
②制作肉酱的工具
③肉酱的制作
④肉酱的应用
2）鹅肝酱制作实例
法式鹅肝酱</td><td>（1）方法：讲授法、演示法
（2）重点：肉酱的制作
（3）难点：鹅肝酱制作实例的掌握</td><td>4</td></tr>
<tr><td rowspan="2">3. 热菜烹调</td><td rowspan="2">3-1　汤类制作</td><td>3-1-1　能制作蔬菜茸汤</td><td>（1）胡萝卜茸汤的制作
（2）南瓜茸汤的制作</td><td rowspan="2">（1）茸汤的制作</td><td rowspan="2">1）茸汤的概述
①茸汤的概念
②茸汤与奶油汤的区别
③茸汤的分类
2）茸汤的制作
①原料
②工艺流程
③质量标准
④制作要点
3）蔬菜茸汤制作实例
①胡萝卜茸汤
②南瓜茸汤
4）豆类茸汤制作实例
①青豆茸汤
②芸豆茸汤</td><td rowspan="2">（1）方法：讲授法、演示法
（2）重点：茸汤的工艺流程
（3）难点：茸汤的质量标准</td><td rowspan="2">2</td></tr>
<tr><td>3-1-2　能制作豆类茸汤</td><td>（1）青豆茸汤的制作
（2）芸豆茸汤的制作</td></tr>
</table>

续表

<table>
<tr><th colspan="4">2.1.4 三级 / 高级职业技能培训要求</th><th colspan="4">2.2.4 三级 / 高级职业技能培训课程规范</th></tr>
<tr><th>职业功能模块（模块）</th><th>培训内容（课程）</th><th>技能目标</th><th>培训细目</th><th>学习单元</th><th>课程内容</th><th>培训建议</th><th>课堂学时</th></tr>
<tr><td rowspan="3">3. 热菜烹调</td><td>3-1 汤类制作</td><td>3-1-3 能制作鸡肉、牛肉清汤</td><td>（1）清汤菜丝的制作
（2）曙光清汤的制作
（3）清汤鸡丝豌豆的制作</td><td>（2）鸡肉、牛肉清汤的制作</td><td>1）高级清汤的概述
①高级清汤的概念
②澄清原理
③高级清汤的分类
2）高级清汤的制作
①原料
②工艺流程
③质量标准
④制作要点
3）鸡肉、牛肉清汤制作实例
①清汤菜丝
②曙光清汤
③清汤鸡丝豌豆</td><td>（1）方法：讲授法、演示法
（2）重点：高级清汤的工艺流程
（3）难点：鸡肉、牛肉清汤制作实例的掌握</td><td>2</td></tr>
<tr><td rowspan="2">3-2 少司制作</td><td>3-2-1 能制作芝士少司</td><td>切打少司的制作</td><td>（1）芝士少司的制作</td><td>1）芝士少司的制作
①原料
②工艺流程
③质量标准
④制作要点
2）芝士少司制作实例
切打少司</td><td>（1）方法：讲授法、演示法
（2）重点：芝士少司制作流程
（3）难点：芝士少司制作实例的掌握</td><td>1</td></tr>
<tr><td>3-2-2 能制作芥末少司</td><td>芥末奶油少司的制作</td><td>（2）芥末少司的制作</td><td>1）芥末少司的制作
①原料
②工艺流程
③质量标准
④制作要点
2）芥末少司制作实例
芥末奶油少司</td><td>（1）方法：讲授法、演示法
（2）重点：芥末少司工艺流程
（3）难点：芥末少司制作实例的掌握</td><td>1</td></tr>
</table>

续表

2.1.4 三级 / 高级职业技能培训要求				2.2.4 三级 / 高级职业技能培训课程规范			
职业功能模块（模块）	培训内容（课程）	技能目标	培训细目	学习单元	课程内容	培训建议	课堂学时
3. 热菜烹调	3-2 少司制作	3-2-3 能制作蔬果少司	（1）蔬菜茸少司的制作 （2）水果茸少司的制作	（3）蔬果少司的制作	1）蔬果少司的概念 2）蔬果少司的分类 ①果蔬茸少司 ②果蔬调味酱 ③蔬菜汁少司 3）蔬果少司的制作 ①原料 ②工艺流程 ③质量标准 ④制作要点 4）蔬果少司制作实例 ①蔬菜茸少司 ②水果茸少司	（1）方法：讲授法、演示法 （2）重点：蔬果少司工艺流程 （3）难点：蔬果少司制作实例的掌握	1
		3-2-4 能制作黄油少司	（1）荷兰少司的制作 （2）荷兰少司的子少司的制作	（4）黄油少司的制作	1）黄油少司的概念 2）黄油少司的分类 3）黄油少司制作 ①原料 ②工艺流程 ③质量标准 ④制作要点 4）黄油少司制作实例 ①荷兰少司 ②荷兰少司的子少司	（1）方法：讲授法、演示法 （2）重点：黄油少司工艺流程 （3）难点：黄油少司制作实例的掌握	1
	3-3 热菜制作	3-3-1 能用烤的烹调方法制作火鸡、整鹅、乳猪、羊腿、牛排等现场切割菜肴	（1）烤火鸡的制作 （2）烤鹅的制作 （3）烤乳猪的制作 （4）香草烤羊腿的制作 （5）烤牛外脊的制作	（1）西式切配表演概述	1）西式切配表演概述 ①畜肉类 ②海鲜类 ③奶酪类 ④水果类 2）西式切配表演用具 ①切割刀 ②磨刀棍 ③切菜板、餐盘 3）切配表演程序与标准	（1）方法：讲授法、演示法 （2）重点与难点：切配表演程序与标准	1

续表

2.1.4 三级／高级职业技能培训要求				2.2.4 三级／高级职业技能培训课程规范			
职业功能模块（模块）	培训内容（课程）	技能目标	培训细目	学习单元	课程内容	培训建议	课堂学时
3. 热菜烹调	3-3 热菜制作	3-3-1 能用烤的烹调方法制作火鸡、整鹅、乳猪、羊腿、牛排等现场切割菜肴	（1）烤火鸡的制作 （2）烤鹅的制作 （3）烤乳猪的制作 （4）香草烤羊腿的制作 （5）烤牛外脊的制作	（2）用烤的烹调方法制作火鸡、整鹅、乳猪、羊腿、牛排等现场切割菜肴	1）烤制现场切割菜肴的制作 ①原料 ②工艺流程 ③质量标准 ④制作要点 2）烤制现场切割菜肴制作实例 ①烤火鸡 ②烤鹅 ③烤乳猪 ④香草烤羊腿 ⑤烤牛外脊	（1）方法：讲授法、演示法 （2）重点：烤制现场切割菜肴的工艺流程 （3）难点：烤制现场切割菜肴制作实例的掌握	4
		3-3-2 能用煎的烹调方法制作鹅肝、鸭肝菜肴	（1）苹果煎鹅肝的制作 （2）煎肥鸭肝的制作	（3）用煎的烹调方法制作鹅肝、鸭肝菜肴	1）煎制禽肝菜肴的制作 ①原料 ②工艺流程 ③质量标准 ④制作要点 2）煎制禽肝菜肴制作实例 ①苹果煎鹅肝 ②煎肥鸭肝	（1）方法：讲授法、演示法 （2）重点：煎制禽肝菜肴的工艺流程 （3）难点：煎制禽肝菜肴制作实例的掌握	4
		3-3-3 能用焖的烹调方法制作禽类菜肴	奶油龙蒿焖鸡的制作	（4）用焖的烹调方法制作禽类菜肴	1）焖的概述 ①焖的概念 ②焖与烩的区别 ③特点 ④适用范围 2）焖制禽类菜肴的制作 ①原料 ②工艺流程 ③质量标准 ④制作要点 3）焖制禽类菜肴制作实例 奶油龙蒿焖鸡	（1）方法：讲授法、演示法 （2）重点：焖制禽类菜肴的工艺流程 （3）难点：焖制禽类菜肴制作实例的掌握	4

续表

2.1.4 三级 / 高级职业技能培训要求				2.2.4 三级 / 高级职业技能培训课程规范			
职业功能模块（模块）	培训内容（课程）	技能目标	培训细目	学习单元	课程内容	培训建议	课堂学时
3. 热菜烹调	3-3 热菜制作	3-3-4 能用扒的烹调方法制作牛排、羊排、猪排、鱼柳等菜肴	（1）铁扒牛外脊的制作 （2）铁扒羊排的制作 （3）铁扒猪排的制作 （4）铁扒鳕鱼的制作	（5）用扒的烹调方法制作肉排、鱼柳等菜肴	1）扒的概述 ①扒的概念 ②扒与炙烤的区别 ③特点 ④适用范围 ⑤制作要点 2）扒制肉排、鱼柳菜肴的制作 ①原料 ②工艺流程 ③质量标准 ④制作要点 3）扒制肉排、鱼柳菜肴制作实例 ①铁扒牛外脊 ②铁扒羊排 ③铁扒猪排 ④铁扒鳕鱼	（1）方法：讲授法、演示法 （2）重点：扒制肉排、鱼柳菜肴的工艺流程 （3）难点：扒制肉排、鱼柳菜肴制作实例的掌握	4
		3-3-5 能用焗的烹调方法制作海鲜类菜肴	（1）番茄焗鱼片的制作 （2）焗生菜牡蛎卷的制作 （3）培根焗鲜贝的制作	（6）用焗的烹调方法制作海鲜类菜	1）焗制海鲜类菜肴的制作 ①原料 ②工艺流程 ③质量标准 ④制作要点 2）焗制海鲜类菜肴制作实例 ①番茄焗鱼片 ②焗生菜牡蛎卷 ③培根焗鲜贝	（1）方法：讲授法、演示法 （2）重点：焗制海鲜类菜肴的工艺流程 （3）难点：焗制海鲜类菜肴制作实例的掌握	4
		3-3-6 能用蒸的烹调方法制作贝壳类菜肴	（1）蒸酿鱿鱼的制作 （2）蒸牡蛎配香槟少司的制作	（7）用蒸的烹调方法制作贝壳类菜肴	1）蒸制贝壳类菜肴的制作 ①原料 ②工艺流程 ③质量标准 ④制作要点 2）蒸制贝壳类菜肴制作实例 ①蒸酿鱿鱼 ②蒸牡蛎配香槟少司	（1）方法：讲授法、演示法 （2）重点：蒸制贝壳类菜肴的工艺流程 （3）难点：蒸制贝壳类菜肴制作实例的掌握	4

续表

2.1.4 三级 / 高级职业技能培训要求				2.2.4 三级 / 高级职业技能培训课程规范			
职业功能模块（模块）	培训内容（课程）	技能目标	培训细目	学习单元	课程内容	培训建议	课堂学时
3. 热菜烹调	3-3 热菜制作	3-3-7 能用混合烹调方法制作石斑鱼、龙虾、蜗牛等菜肴	（1）焗时蔬石斑鱼卷的制作 （2）芝士龙虾的制作 （3）焗蜗牛的制作	（8）用混合烹调方法制作石斑鱼、龙虾、蜗牛等菜肴	1）混合烹调方法的概念 2）混合烹调方法的特点 3）混合烹调方法制作高档海鲜菜肴制作实例 ①焗时蔬石斑鱼卷 ②芝士龙虾 ③焗蜗牛	（1）方法：讲授法、演示法 （2）重点：混合烹调方法的合理组合 （3）难点：混合烹调方法制作高档海鲜菜肴制作实例的掌握	4
课堂学时合计							64

附录 5　二级 / 技师职业技能培训要求与课程规范对照表

2.1.5 二级 / 技师职业技能培训要求				2.2.5 二级 / 技师职业技能培训课程规范			
职业功能模块（模块）	培训内容（课程）	技能目标	培训细目	学习单元	课程内容	培训建议	课堂学时
1. 原料加工	1-1 原料加工	1-1-1 能对禽类进行整体脱骨	（1）整鸡的脱骨 （2）鹌鹑的脱骨 （3）鸽子的脱骨	（1）禽类的整体脱骨	1）整禽脱骨 ①原料 ②工艺流程 ③质量标准 ④制作要点 2）整禽脱骨的实例 ①整鸡的脱骨 ②鹌鹑的脱骨 ③鸽子的脱骨	（1）方法：讲授法、演示法 （2）重点与难点：整禽脱骨的工艺流程	1
		1-1-2 能加工海鲜卷	（1）比目鱼卷的加工 （2）三文鱼卷的加工	（2）海鲜卷的加工	1）海鲜卷的加工 ①原料 ②工艺流程 ③质量标准 ④制作要点 2）海鲜卷的加工实例 ①比目鱼卷 ②三文鱼卷	（1）方法：讲授法、演示法 （2）重点与难点：海鲜卷加工的工艺流程	1

续表

2.1.5 二级 / 技师职业技能培训要求				2.2.5 二级 / 技师职业技能培训课程规范			
职业功能模块（模块）	培训内容（课程）	技能目标	培训细目	学习单元	课程内容	培训建议	课堂学时
1. 原料加工	1–2 原料腌渍	1–2–1 能腌渍风味禽类产品	（1）珍珠鸡的腌渍 （2）乳鸽的腌渍 （3）火鸡的腌渍	（1）风味禽类产品的腌渍	1）风味禽类产品的腌渍 ①原料 ②工艺流程 ③质量标准 ④制作要点 2）风味禽类产品腌渍实例 ①珍珠鸡的腌渍 ②乳鸽的腌渍 ③火鸡的腌渍	（1）方法：讲授法、演示法 （2）重点与难点：风味禽类产品的腌渍工艺流程	1
		1–2–2 能腌渍烟熏海鲜产品	（1）烟熏三文鱼的腌渍 （2）烟熏马鲛鱼的腌渍	（2）烟熏海鲜产品的腌渍	1）烟熏海鲜产品的腌渍 ①原料 ②工艺流程 ③质量标准 ④制作要点 2）烟熏海鲜产品腌渍实例 ①烟熏三文鱼的腌渍 ②烟熏马鲛鱼的腌渍	（1）方法：讲授法、演示法 （2）重点与难点：烟熏海鲜产品腌渍的工艺流程	1
2. 冷菜烹调	2–1 冷菜调味汁制作	2–1–1 能制作海鲜调味汁	（1）鸡尾少司的制作 （2）渔夫少司的制作	（1）海鲜调味汁的制作	1）海鲜调味汁的制作 ①原料 ②工艺流程 ③质量标准 ④制作要点 2）海鲜调味汁制作实例 ①鸡尾少司 ②渔夫少司	（1）方法：讲授法、演示法 （2）重点：海鲜调味汁的质量标准 （3）难点：特色海鲜调味汁的制作	1
		2–1–2 能制作水果调味汁	（1）牛油果少司的制作 （2）杧果少司的制作	（2）水果调味汁的制作	1）水果调味汁的制作 ①原料 ②工艺流程 ③质量标准 ④制作要点 2）水果调味汁制作实例 ①牛油果少司 ②杧果少司	（1）方法：讲授法、演示法 （2）重点：水果调味汁的质量标准 （3）难点：特色水果调味汁的制作	1

续表

2.1.5 二级 / 技师职业技能培训要求				2.2.5 二级 / 技师职业技能培训课程规范			
职业功能模块（模块）	培训内容（课程）	技能目标	培训细目	学习单元	课程内容	培训建议	课堂学时
2. 冷菜烹调	2-1 冷菜调味汁制作	2-1-3 能用坚果制作调味汁	（1）松子酱的制作 （2）腰果酱的制作	（3）坚果为原料调味汁的制作	1）坚果调味汁的制作 ①原料 ②工艺流程 ③质量标准 ④制作要点 2）坚果调味汁制作实例 ①松子酱 ②腰果酱	（1）方法：讲授法、演示法 （2）重点：坚果调味汁的质量标准 （3）难点：特色坚果调味汁的制作	1
		2-1-4 能用日本调味料制作调味汁	（1）山葵蛋黄酱的制作 （2）味噌汁的制作 （3）海胆酱的制作	（4）日式调味汁的制作	1）常用日本调味料介绍 ①出汁 ②发酵酒 ③发酵性豆制品 ④发酵性海鲜制品 ⑤山葵 2）日式调味汁制作实例 ①山葵蛋黄酱 ②味噌汁 ③海胆酱	（1）方法：讲授法、演示法 （2）重点：日本调味料的使用特点 （3）难点：特色日式调味汁的制作	
	2-2 冷菜加工	2-2-1 能用肉类、海鲜、水果制作色拉	（1）华道夫色拉的制作 （2）尼斯色拉的制作	（1）肉类、海鲜、水果为原料色拉的制作	1）肉类、海鲜、水果为原料色拉的制作 ①制作原理与要求 ②原料选用 ③工艺流程 ④制作要点 2）肉类、海鲜、水果为原料色拉制作实例 ①华道夫色拉 ②尼斯色拉	（1）方法：讲授法、演示法 （2）重点：肉类、海鲜、水果为原料色拉的制作工艺流程 （3）难点：代表性肉类、海鲜、水果为原料色拉制作实例的掌握	1

续表

2.1.5 二级 / 技师职业技能培训要求				2.2.5 二级 / 技师职业技能培训课程规范			
职业功能模块（模块）	培训内容（课程）	技能目标	培训细目	学习单元	课程内容	培训建议	课堂学时
2. 冷菜烹调	2-2 冷菜加工	2-2-2 能制作日式刺身拼盘	什锦海鲜刺身拼盘的制作	(2) 日式刺身拼盘的制作	1）日式刺身拼盘的制作 ①原料选用与预处理 ②工艺流程 ③质量标准 ④制作要点 2）日式刺身拼盘制作实例 什锦海鲜刺身拼盘	(1) 方法：讲授法、演示法 (2) 重点：日式刺身拼盘的质量标准 (3) 难点：经典刺身拼拼盘的制作	1
		2-2-3 能制作镜面水果	镜面餐具什锦水果拼盘的制作	(3) 镜面水果的制作	1）镜面水果的制作 ①原料 ②工艺流程 ③质量标准 ④制作要点 2）镜面水果制作实例 镜面餐具什锦水果拼盘	(1) 方法：讲授法、演示法 (2) 重点：水果品种的选用 (3) 难点：镜面水果的造型设计	1
		2-2-4 能制作果雕装饰	(1) 西瓜雕的制作 (2) 南瓜雕的制作 (3) 橙雕的制作	(4) 果雕装饰的制作	1）果雕的概述 ①果雕的概念 ②果雕的分类 ③果雕装饰与菜点的合理搭配 2）果雕装饰制作 ①原料 ②工艺流程 ③质量标准 ④制作要点 3）果雕装饰制作实例 ①西瓜雕 ②南瓜雕 ③橙雕	(1) 方法：讲授法、演示法 (2) 重点：果雕装饰与菜点的合理搭配 (3) 难点：果雕装饰制作实例的掌握	1

续表

2.1.5 二级 / 技师职业技能培训要求				2.2.5 二级 / 技师职业技能培训课程规范			
职业功能模块（模块）	培训内容（课程）	技能目标	培训细目	学习单元	课程内容	培训建议	课堂学时
3. 热菜烹调	3–1 汤类制作	3–1–1 能制作鹿肉等清汤	（1）鹿肉清汤的制作 （2）兔肉清汤的制作	（1）鹿肉等清汤的制作	1）鹿肉等清汤的制作 ①原料 ②工艺流程 ③质量标准 ④制作要点 2）鹿肉等清汤制作实例 ①鹿肉清汤 ②兔肉清汤	（1）方法：讲授法、演示法 （2）重点：鹿肉清汤的工艺流程 （3）难点：鹿肉去异增香的方法	2
		3–1–2 能制作菌菇类茸汤	蘑菇茸汤的制作	（2）菌菇类茸汤的制作	1）菌菇类茸汤的制作 ①原料 ②工艺流程 ③质量标准 ④制作要点 2）菌菇类茸汤制作实例 蘑菇茸汤	（1）方法：讲授法、演示法 （2）重点：菌菇原料的选用 （3）难点：菌菇类茸汤的工艺流程	1
		3–1–3 能用分子料理胶囊技术制作奶油蔬菜汤	奶油菠菜汤胶囊的制作	（3）应用分子料理胶囊技术的奶油蔬菜汤制作	1）分子料理胶囊技术的概述 ①分子料理胶囊技术的概念 ②分子料理胶囊技术的制作原理 ③分子料理胶囊技术的分类 ④分子料理胶囊技术的原料与设备 2）分子料理胶囊的制作 ①原料 ②工艺流程 ③质量标准 ④制作要点 3）应用分子料理胶囊技术制作奶油蔬菜汤实例 奶油菠菜汤胶囊	（1）方法：讲授法、演示法 （2）重点：分子料理胶囊制作工艺流程 （3）难点：胶囊原料的合理配比与制作时间的掌握	2

续表

<table>
<tr><td colspan="4">2.1.5　二级 / 技师职业技能培训要求</td><td colspan="4">2.2.5　二级 / 技师职业技能培训课程规范</td></tr>
<tr><td>职业功能模块（模块）</td><td>培训内容（课程）</td><td>技能目标</td><td>培训细目</td><td>学习单元</td><td>课程内容</td><td>培训建议</td><td>课堂学时</td></tr>
<tr><td rowspan="3">3. 热菜烹调</td><td rowspan="3">3-2　少司制作</td><td>3-2-1　能用黑菌制作少司</td><td>黑菌少司的制作</td><td rowspan="2">（1）黑菌、松茸为原料少司的制作</td><td rowspan="2">1）黑菌为原料少司的制作
①原料
②工艺流程
③质量标准
④制作要点
2）黑菌为原料少司制作实例
黑菌少司
3）松茸为原料少司的制作
①原料
②工艺流程
③质量标准
④制作要点
4）松茸为原料少司制作实例
松茸少司</td><td rowspan="2">（1）方法：讲授法、演示法
（2）重点：黑菌、松茸原料选用
（3）难点：黑菌、松茸少司的制作流程</td><td rowspan="2">1</td></tr>
<tr><td>3-2-2　能用松茸制作少司</td><td>松茸少司的制作</td></tr>
<tr><td>3-2-3　能用酒制作少司</td><td>（1）香槟少司的制作
（2）马德拉少司的制作
（3）茴香酒少司的制作</td><td>（2）酒为原料少司的制作</td><td>1）西餐酒的概述
①西餐酒的分类
②西餐酒的特点
③西餐酒与菜点的合理搭配
2）酒为原料少司的制作
①原料
②工艺流程
③质量标准
④制作要点
3）酒为原料少司的制作实例
①香槟少司
②马德拉少司
③茴香酒少司</td><td>（1）方法：讲授法、演示法
（2）重点：酒与菜点的合理搭配
（3）难点：酒少司的制作流程</td><td>1</td></tr>
</table>

续表

2.1.5　二级 / 技师职业技能培训要求				2.2.5　二级 / 技师职业技能培训课程规范			
职业功能模块（模块）	培训内容（课程）	技能目标	培训细目	学习单元	课程内容	培训建议	课堂学时
3. 热菜烹调	3–2　少司制作	3–2–4　能用分子料理泡沫技术制作少司	（1）西洋菜泡沫少司的制作 （2）红酒泡沫少司的制作	（3）分子料理泡沫技术少司的制作	1）分子料理泡沫技术的概述 ①分子料理泡沫技术的概念 ②分子料理泡沫技术原理 ③分子料理泡沫技术原料与设备 2）分子料理泡沫的制作 ①原料 ②工艺流程 ③质量标准 ④制作要点 3）分子料理泡沫少司制作实例 ①西洋菜泡沫少司 ②红酒泡沫少司	（1）方法：讲授法、演示法 （2）重点：分子泡沫原料的选用 （3）难点：泡沫少司的制作实例的掌握	1
	3–3　热菜加工	3–3–1　能用烤的烹调方法制作填馅整鸡、填馅火鸡、填馅乳猪等	（1）烤填馅鸡的制作 （2）烤填馅火鸡的制作 （3）烤填馅乳猪的制作	（1）烤制填馅菜肴的制作	1）填馅工艺的概述 ①填馅工艺的概念 ②填馅菜肴的特点 ③填馅原料的组成 2）烤制填馅菜肴的制作 ①原料 ②工艺流程 ③质量标准 ④制作要点 3）烤制填馅菜肴制作实例 ①烤填馅鸡 ②烤填馅火鸡 ③烤填馅乳猪	（1）方法：讲授法、演示法 （2）重点：馅心与主料合理搭配 （3）难点：烤制填馅菜肴火候的掌握	4

续表

2.1.5 二级 / 技师职业技能培训要求				2.2.5 二级 / 技师职业技能培训课程规范			
职业功能模块（模块）	培训内容（课程）	技能目标	培训细目	学习单元	课程内容	培训建议	课堂学时
3. 热菜烹调	3-3 热菜加工	3-3-2 能用烤的烹调方法制作酥皮包裹的肉类和鱼类菜肴	(1) 惠灵顿牛肉的制作 (2) 烤酥皮比目鱼卷的制作	(2) 烤制酥皮肉类和鱼类菜肴的制作	1) 酥皮类菜肴的概述 ①酥皮类菜肴的概念 ②酥皮类菜肴的特点 ③酥皮类菜肴制作要求 ④酥皮的制作 2) 烤制酥皮肉类和鱼类菜肴的制作 ①原料 ②工艺流程 ③质量标准 ④制作要点 3) 烤制酥皮肉类和鱼类菜肴制作实例 ①惠灵顿牛肉 ②烤酥皮比目鱼卷	(1) 方法：讲授法、演示法 (2) 重点：酥皮菜肴制作工艺流程 (3) 难点：酥皮的制作	4
		3-3-3 能用油浸的烹调方法制作禽类菜肴	(1) 油浸乳鸽的制作 (2) 油浸鸭胸的制作	(3) 油浸禽类菜肴的制作	1) 油浸禽类菜肴的制作 ①原料 ②工艺流程 ③质量标准 ④制作要点 2) 油浸禽类菜肴的制作实例 ①油浸乳鸽 ②油浸鸭胸	(1) 方法：讲授法、演示法 (2) 重点：油浸菜肴制作的工艺流程 (3) 难点：油浸菜肴制作时火候的掌握	4
		3-3-4 能用烩的烹调方法制作鹿肉等菜肴	(1) 皇家烩兔肉的制作 (2) 红酒烩鹿肉的制作	(4) 烩制鹿肉等菜肴的制作	1) 烩制鹿肉等菜肴的制作 ①原料 ②工艺流程 ③质量标准 ④制作要点 2) 烩制鹿肉等菜肴的制作实例 ①皇家烩兔肉 ②红酒烩鹿肉	(1) 方法：讲授法、演示法 (2) 重点：烩制鹿肉等菜肴制作的工艺流程 (3) 难点：烩制鹿肉等菜肴的质量控制	4

续表

2.1.5　二级 / 技师职业技能培训要求				2.2.5　二级 / 技师职业技能培训课程规范			
职业功能模块（模块）	培训内容（课程）	技能目标	培训细目	学习单元	课程内容	培训建议	课堂学时
3. 热菜烹调	3–3 热菜加工	3–3–5 能用隔水烤的方法制作蔬菜慕斯、海鲜慕斯、禽类慕斯等菜肴	（1）茄子慕斯的制作 （2）三色海鲜慕斯的制作 （3）鸡肉慕斯的制作	（5）隔水烤制慕斯类菜肴的制作	1）隔水烤制慕斯类菜肴的制作 ①原料 ②工艺流程 ③质量标准 ④制作要点 2）隔水烤制慕斯类菜肴制作实例 ①茄子慕斯 ②三色海鲜慕斯 ③鸡肉慕斯	（1）方法：讲授法、演示法 （2）重点：隔水烤制慕斯菜肴制作的工艺流程 （3）难点：隔水烤制慕斯菜肴的质量控制	4
		3–3–6 能用低温慢煮的烹调方法制作牛肉、羊肉、海鲜等菜肴	（1）低温西冷牛排的制作 （2）低温法式羊排薄荷少司的制作 （3）低温金枪鱼的制作	（6）低温慢煮畜肉类、海鲜类菜肴的制作	1）低温慢煮技术的概述 ①低温慢煮技术的概念 ②低温慢煮技术的原理 ③低温慢煮菜肴的特点 ④低温慢煮技术的设备要求 ⑤不同原料的温度要求 2）低温慢煮畜肉类、海鲜类菜肴的制作 ①原料 ②工艺流程 ③质量标准 ④制作要点 3）低温慢煮畜肉类、海鲜类菜肴制作实例 ①低温西冷牛排 ②低温法式羊排薄荷少司 ③低温金枪鱼	（1）方法：讲授法、演示法 （2）重点：低温慢煮技术菜肴制作的工艺流程 （3）难点：低温慢煮菜肴温度选择与时间掌握	4

续表

2.1.5　二级 / 技师职业技能培训要求				2.2.5　二级 / 技师职业技能培训课程规范			
职业功能模块（模块）	培训内容（课程）	技能目标	培训细目	学习单元	课程内容	培训建议	课堂学时
3. 热菜烹调	3－4 甜品制作	3-4-1 能制作水果派	（1）苹果派的制作 （2）柠檬派的制作	（1）水果派的制作	1）水果派的制作 ①原料 ②工艺流程 ③质量标准 ④制作要点 2）水果派制作实例 ①苹果派 ②柠檬派	（1）方法：讲授法、演示法 （2）重点：水果派的制作要点 （3）难点：水果派制作实例的掌握	2
		3-4-2 能制作蛋挞	（1）甜酥蛋挞的制作 （2）葡式蛋挞的制作	（2）蛋挞的制作	1）蛋挞的制作 ①蛋挞的分类 ②原料 ③工艺流程 ④质量标准 ⑤制作要点 2）蛋挞制作实例 ①甜酥蛋挞 ②葡式蛋挞	（1）方法：讲授法、演示法 （2）重点：蛋挞的制作要点 （3）难点：蛋挞制作实例的掌握	2
		3-4-3 能制作布丁	（1）面包布丁的制作 （2）焦糖布丁的制作 （3）圣诞布丁的制作	（3）布丁的制作	1）布丁的制作 ①布丁的分类 ②原料 ③工艺流程 ④质量标准 ⑤制作要点 2）布丁制作实例 ①面包布丁 ②焦糖布丁 ③圣诞布丁	（1）方法：讲授法、演示法 （2）重点：布丁的制作要点 （3）难点：布丁制作实例的掌握	2
4. 菜单设计	4-1 套餐菜单设计	4-1-1 能按原料价格及营养平衡编制西式三道套餐菜单	不同价格西式三道套餐菜单的组合设计	（1）菜单设计概述	1）菜单的含义与分类 2）菜单的作用 3）菜单的设计原则 4）菜单设计的步骤 5）菜单设计的注意事项	（1）方法：讲授法、讨论法 （2）重点：菜单的设计原则 （3）难点：菜单设计的步骤	1

续表

2.1.5 二级 / 技师职业技能培训要求				2.2.5 二级 / 技师职业技能培训课程规范			
职业功能模块（模块）	培训内容（课程）	技能目标	培训细目	学习单元	课程内容	培训建议	课堂学时
4. 菜单设计	4–1 套餐菜单设计	4–1–2 能按原料价格及营养平衡编制西式五道套餐菜单	不同价格西式五道套餐菜单的组合设计	（2）套餐菜单的设计	1）套餐菜单的类型 ①早餐 ②午餐 ③晚餐 2）套餐菜单的组成 3）按套餐标准增减菜点的品种和数量 4）按价格及营养平衡设计套餐菜单 ①西式三道套餐菜单 ②西式五道套餐菜单	（1）方法：讲授法、案例教学法、讨论法 （2）重点：按套餐标准增减菜点的品种和数量 （3）难点：设计西式五道套餐菜单	1
	4–2 季节菜单设计	4–2–1 能按不同季节编制时令菜单	（1）制定春季时令菜单 （2）制定夏季时令菜单 （3）制定秋季时令菜单 （4）制定冬季时令菜单	（1）按不同季节编制时令菜单	1）制定春季时令菜单 2）制定夏季时令菜单 3）制定秋季时令菜单 4）制定冬季时令菜单	（1）方法：讲授法、案例教学法、讨论法 （2）重点与难点：制定秋季时令菜单	1
		4–2–2 能按不同季节编制美食节菜单	（1）制定春季美食节菜单 （2）制定夏季美食节菜单 （3）制定秋季美食节菜单 （4）制定冬季美食节菜单	（2）按不同季节编制美食节菜单	1）制定春季美食节菜单 2）制定夏季美食节菜单 3）制定秋季美食节菜单 4）制定冬季美食节菜单	（1）方法：讲授法、案例教学法、讨论法 （2）重点与难点：制定秋季美食节菜单	1

续表

2.1.5　二级 / 技师职业技能培训要求				2.2.5　二级 / 技师职业技能培训课程规范			
职业功能模块（模块）	培训内容（课程）	技能目标	培训细目	学习单元	课程内容	培训建议	课堂学时
4. 菜单设计	4-3　点菜菜单设计	4-3-1　能按毛利率要求设计点餐菜单	不同毛利率点餐菜单的组合设计	（1）零点及零点菜单组合设计	1）零点及零点菜单的概念 ①零点 ②零点菜单 2）零点菜单的结构 ①早餐零点菜单的结构 ②正餐零点菜单的结构 3）零点菜单的作用 4）零点菜单的设计原则 5）零点菜单品种结构与比例的确定方法 6）零点菜单制定的基本步骤 7）零点菜单的设计实例 不同毛利率的零点菜单的组合设计	（1）方法：讲授法、案例教学法、讨论法 （2）重点：零点菜单的设计原则 （3）难点：不同毛利率的零点菜单的组合设计	1
		4-3-2　能按毛利率要求设计酒会菜单	不同毛利率酒会菜单的组合设计	（2）酒会菜单的组合设计	1）酒会菜单的概念 2）酒会菜单的结构 3）酒会菜单的作用 4）酒会菜单的设计原则 5）酒会菜单品种结构与比例的确定方法 6）酒会菜单制定的基本步骤 7）酒会菜单的设计实例 不同毛利率的酒会菜单的组合设计	（1）方法：讲授法、案例教学法、讨论法 （2）重点：酒会菜单设计的原则 （3）难点：不同毛利率的酒会菜单的组合设计	1

续表

2.1.5 二级 / 技师职业技能培训要求				2.2.5 二级 / 技师职业技能培训课程规范			
职业功能模块（模块）	培训内容（课程）	技能目标	培训细目	学习单元	课程内容	培训建议	课堂学时
5. 指导与创新	5–1 培训指导	5–1–1 能对三级 / 高级工及以下员工进行技术指导	（1）技术指导方案的撰写 （2）技术指导的实施	（1）三级 / 高级工及以下员工的技术指导	1）技术指导的概念 2）技术指导的组织程序 3）技术指导方案的撰写 4）技术指导的实施 ①边示范、边讲解 ②现场操作 ③巡回指导并纠正 5）技术指导的效果评定 ①技能水平测试 ②知识水平测试 ③综合评定	（1）方法：讲授法、案例教学法 （2）重点：技术指导方案的撰写 （3）难点：技术指导的实施	1
		5–1–2 能对三级 / 高级工及以下员工的岗位操作技能进行分析和总结	（1）三级 / 高级工及以下员工的岗位操作技能分析 （2）三级 / 高级工及以下员工的岗位操作技能总结 （3）三级 / 高级工及以下员工的岗位操作技能标准制定	（2）三级 / 高级工及以下员工的岗位操作技能分析和总结	1）三级 / 高级工及以下员工的岗位操作技能分析 2）三级 / 高级工及以下员工的岗位操作技能总结 3）三级 / 高级工及以下员工的岗位操作技能标准制定 ①初加工岗位的操作技能标准制定 ②冷厨房岗位的操作技能标准制定 ③热厨房岗位的操作技能标准制定 ④点心房岗位的操作技能标准制定	（1）方法：讲授法、案例教学法 （2）重点：三级 / 高级工及以下员工的各岗位的操作技能标准 （3）难点：三级 / 高级工及以下员工的岗位操作技能总结	1
		5–1–3 能对三级 / 高级工及以下员工进行厨房英语培训	（1）西餐厨房英语教学内容 （2）西餐厨房英语教学方法	（3）三级 / 高级工及以下员工厨房英语培训	1）西餐厨房英语教学内容 ①英语专业词汇与术语 ②厨房英语简单会话 2）西餐厨房英语教学方法 ①任务型教学法 ②情境教学法 ③演示法 ④三维重现教学法 ⑤交际法	（1）方法：讲授法、案例教学法 （2）重点与难点：英语专业词汇与术语的灵活运用	2

续表

<table>
<tr><th colspan="4">2.1.5　二级 / 技师职业技能培训要求</th><th colspan="4">2.2.5　二级 / 技师职业技能培训课程规范</th></tr>
<tr><th>职业功能模块（模块）</th><th>培训内容（课程）</th><th>技能目标</th><th>培训细目</th><th>学习单元</th><th>课程内容</th><th>培训建议</th><th>课堂学时</th></tr>
<tr><td rowspan="3">5. 指导与创新</td><td rowspan="3">5–2　工艺创新</td><td>5–2–1　能对传统菜肴进行改良创新</td><td>传统菜肴改良创新的途径</td><td>（1）传统菜肴改良创新</td><td>1）国际西餐发展最新动态
2）传统菜肴创新概述
①传统菜肴创新的基本原则
②传统菜肴创新需注意的问题
3）传统菜肴改良创新的途径
①传统菜肴原料选用与刀工处理的改良创新
②传统菜肴组配的改良创新
③传统菜肴制作工艺的改良创新
④传统菜肴器皿与上菜形式的改良创新</td><td>（1）方法：讲授法、演示法
（2）重点：传统菜肴创新的基本原则
（3）难点：传统菜肴的改良创新途径</td><td>1</td></tr>
<tr><td>5–2–2　能用新原料、新设备进行菜肴开发</td><td>（1）采用新原料进行菜肴开发
（2）采用新设备进行菜肴开发</td><td>（2）用新原料、新设备进行菜肴开发</td><td>1）采用新原料进行菜肴开发
①原料新培育品种
②新引进品种
③新的食品加工原料
2）采用新设备进行菜肴开发
①微波炉
②真空机
③低温加热机
3）用新原料、新设备进行菜肴开发实例</td><td>（1）方法：讲授法、演示法
（2）重点：用新原料开发的菜肴
（3）难点：用新设备开发的菜肴</td><td>1</td></tr>
<tr><td>5–2–3　能将当地食材有机融合到传统菜肴中</td><td>（1）利用当地原料与传统菜肴有机融合
（2）利用当地调料、辅料与传统菜肴有机融合</td><td>（3）当地食材与传统菜肴的有机融合</td><td>1）当地原料与传统菜肴的有机融合
①动物性原料
②植物性原料
③加工性原料
2）当地调料、辅料与传统菜肴的有机融合
①调味料
②香料
③辅料</td><td>（1）方法：讲授法、演示法
（2）重点：当地原料与传统菜肴的有机融合
（3）难点：当地调料、辅料与传统菜肴的有机融合</td><td>1</td></tr>
<tr><td colspan="7">课堂学时合计</td><td>63</td></tr>
</table>

附录 6　一级 / 高级技师职业技能培训要求与课程规范对照表

2.1.6　一级 / 高级技师职业技能培训要求				2.2.6　一级 / 高级技师职业技能培训课程规范			
职业功能模块（模块）	培训内容（课程）	技能目标	培训细目	学习单元	课程内容	培训建议	课堂学时
1. 经典菜肴制作与创新	1-1　经典菜肴制作	1-1-1　能制作欧美经典菜肴	（1）经典法国菜的制作 （2）经典意大利菜的制作 （3）经典英国菜的制作 （4）经典美国菜的制作 （5）经典俄罗斯菜的制作 （6）经典德国菜的制作	（1）欧美经典菜肴的制作	1）法国菜的制作 ①法国菜的形成 ②法国菜的特点 ③经典法国菜的制作 2）意大利菜的制作 ①意大利菜的形成 ②意大利菜的特点 ③经典意大利菜的制作 3）英国菜的制作 ①英国菜的形成 ②英国菜的特点 ③经典英国菜的制作 4）美国菜的制作 ①美国菜的形成 ②美国菜的特点 ③经典美国菜的制作 5）俄罗斯菜的制作 ①俄罗斯菜的形成 ②俄罗斯菜的特点 ③经典俄罗斯菜的制作 6）德国菜 ①德国菜的形成 ②德国菜的特点 ③经典德国菜的制作	（1）方法：讲授法、演示法 （2）重点：经典意大利菜的制作 （3）难点：经典法国菜的制作	8

续表

2.1.6 一级/高级技师职业技能培训要求				2.2.6 一级/高级技师职业技能培训课程规范			
职业功能模块（模块）	培训内容（课程）	技能目标	培训细目	学习单元	课程内容	培训建议	课堂学时
1. 经典菜肴制作与创新	1-1 经典菜肴制作	1-1-2 能制作亚洲经典菜肴	（1）经典日本菜的制作 （2）经典韩国菜的制作 （3）经典泰国菜的制作 （4）经典新加坡菜的制作 （5）经典马来西亚菜的制作 （6）经典越南菜的制作 （7）经典印度尼西亚菜的制作 （8）经典印度菜的制作	（2）亚洲经典菜肴的制作	1）日本菜的制作 ①日本菜的形成 ②日本菜的特点 ③经典日本菜的制作 2）韩国菜的制作 ①韩国菜的形成 ②韩国菜的特点 ③经典韩国菜的制作 3）泰国菜的制作 ①泰国菜的形成 ②泰国菜的特点 ③经典泰国菜的制作 4）新加坡菜、马来西亚菜的制作 ①新加坡菜、马来西亚菜的形成 ②新加坡菜、马来西亚菜的特点 ③新加坡菜、马来西亚菜的制作 5）越南菜的制作 ①越南菜的形成 ②越南菜的特点 ③经典越南菜的制作 6）印度尼西亚菜的制作 ①印度尼西亚菜的形成 ②印度尼西亚菜的特点 ③经典印度尼西亚菜的制作 7）印度菜的制作 ①印度菜的形成 ②印度菜的特点 ③经典印度菜的制作	（1）方法：讲授法、演示法 （2）重点：经典泰国菜的制作 （3）难点：经典日本菜的制作	8
		1-1-3 能解决制作菜肴过程中的技术难题	（1）发现存在的菜肴技术难题 （2）对技术难题进行分析 （3）提出技术难题解决措施	（3）制作菜肴过程中技术难题的解决	1）发现菜肴制作技术难题 2）对技术难题进行分析 3）提出技术难题解决措施	（1）方法：讲授法、案例教学法 （2）重点：对菜肴制作技术难题进行分析 （3）难点：提出菜肴制作技术难题解决措施	1

续表

2.1.6　一级 / 高级技师职业技能培训要求				2.2.6　一级 / 高级技师职业技能培训课程规范			
职业功能模块（模块）	培训内容（课程）	技能目标	培训细目	学习单元	课程内容	培训建议	课堂学时
1. 经典菜肴制作与创新	1–2　菜肴创新	1–2–1　能对自己擅长的菜系进行分析	擅长菜系的分析	（1）对自己擅长菜系的分析	1）擅长菜系的形成 2）擅长菜系的特点 ①特色的原料 ②独特的调味手法 ③擅长的烹调方法 3）擅长菜系的分析 ①擅长菜系的优点与缺点 ②提出保持优点、改掉缺点的措施	（1）方法：讲授法、案例教学法 （2）重点：擅长菜系的特点 （3）难点：擅长的菜系的改进措施	1
		1–2–2　能对自己擅长的菜系进行创新	（1）利用新工艺创新菜肴 （2）利用新原料创新菜肴 （3）利用新调料创新菜肴 （4）利用新设备创制新菜肴	（2）对自己擅长菜系的创新	1）利用其他菜系或新工艺、烹调方法创新菜肴 2）利用其他菜系或新原料创新菜肴 ①动物性原料 ②植物性原料 ③加工性原料 3）利用其他菜系或新调料创新菜肴 ①调味料 ②香料 ③辅料 4）利用其他菜系或新设备创制新菜肴 ①原料初加工设备 ②成形与成熟设备 ③保藏设备	（1）方法：讲授法、案例教学法 （2）重点：利用其他菜系或新设备创新菜肴 （3）难点：利用其他菜系或新的原料创新菜肴	1
2. 宴会设计与菜单制定	2–1　宴会与酒会的摆台设计与装饰	2–1–1　能设计制作黄油雕	黄油雕的设计制作	（1）主题雕刻工艺	1）主题雕刻的概述 ①原料的选择 ②造型构思 ③成形手法 2）经典实例 ①黄油雕的设计制作 ②冰雕的设计制作	（1）方法：讲授法、演示法 （2）重点：雕刻的造型构图设计 （3）难点：常见主题雕刻的成形方法	4
		2–1–2　能设计制作冰雕	冰雕的设计制作				

续表

2.1.6 一级 / 高级技师职业技能培训要求				2.2.6 一级 / 高级技师职业技能培训课程规范			
职业功能模块（模块）	培训内容（课程）	技能目标	培训细目	学习单元	课程内容	培训建议	课堂学时
2. 宴会设计与菜单制定	2-1 宴会与酒会的摆台设计与装饰	2-1-3 能选择合适的器皿呈现菜肴	器皿与菜肴的搭配	（2）器皿知识	1）器皿的材质 2）器皿的分类 3）器皿与菜肴的搭配原则	（1）方法：讲授法、案例教学法 （2）重点：器皿与菜肴的搭配原则 （3）难点：器皿与菜肴的有机搭配	1
		2-1-4 能对酒会摆台进行设计与装饰	（1）酒会台面与台形设计 （2）酒会摆台设计与装饰	（3）酒会台面与台形设计	1）酒会台面的种类 2）酒会台面命名的方法 3）酒会台面的设计要求 4）酒会台面的装饰技法 5）酒会席位的安排 6）酒会台形设计	（1）方法：讲授法、案例教学法 （2）重点：酒会台面的设计要求 （3）难点：酒会台面的装饰技法	1
				（4）酒会摆台设计与装饰	1）设主宾席酒会的摆台设计与装饰 2）不设主宾席酒会的摆台设计与装饰	（1）方法：讲授法、案例教学法 （2）重点：不设主宾席酒会的摆台设计与装饰 （3）难点：设主宾席酒会的摆台设计与装饰	1
		2-1-5 能对宴会摆台进行设计与装饰	（1）不同主题宴会的摆台设计 （2）不同主题宴会的装饰	（5）宴会摆台设计与装饰	1）不同主题宴会的摆台设计 2）不同主题宴会的装饰要求 ①宴会装饰的类型 ②宴会装饰原料的选用 ③宴会装饰的注意事项	（1）方法：讲授法、案例教学法、讨论法 （2）重点：不同主题宴会的摆台设计 （3）难点：宴会装饰注意事项的灵活运用	1

续表

<table>
<tr><th colspan="4">2.1.6 一级 / 高级技师职业技能培训要求</th><th colspan="4">2.2.6 一级 / 高级技师职业技能培训课程规范</th></tr>
<tr><th>职业功能模块（模块）</th><th>培训内容（课程）</th><th>技能目标</th><th>培训细目</th><th>学习单元</th><th>课程内容</th><th>培训建议</th><th>课堂学时</th></tr>
<tr><td rowspan="3">2. 宴会设计与菜单制定</td><td rowspan="3">2-2 菜单制定</td><td>2-2-1 能制定主题餐厅菜单</td><td>（1）咖啡厅菜单的制定
（2）扒房菜单的制定
（3）快餐厅菜单的制定
（4）客房送餐菜单的制定</td><td>（1）主题餐厅菜单的制定</td><td>1）主题餐厅的类型
2）不同主题餐厅菜单的制定
①咖啡厅菜单
②扒房菜单
③快餐厅菜单
④客房送餐菜单</td><td>（1）方法：讲授法、案例教学法、讨论法
（2）重点与难点：不同主题餐厅菜单的制定</td><td>1</td></tr>
<tr><td>2-2-2 能制定宴会菜单</td><td>（1）传统宴会菜单的制定
（2）自助式宴会菜单的制定</td><td>（2）宴会菜单的制定</td><td>1）宴会的概念与特征
2）宴会类型
3）宴会的发展与创新
①宴会的发展历史
②宴会的改革创新
4）宴会菜单的作用
5）西式宴会菜单结构
①头盘
②汤菜
③主菜
④点心、水果
⑤饮料、酒
6）不同类型的宴会菜单制定
①传统宴会菜单
②自助式宴会菜单</td><td>（1）方法：讲授法、案例教学法、讨论法
（2）重点与难点：不同类型的宴会菜单的制定</td><td>1</td></tr>
<tr><td>2-2-3 能制定美食节菜单</td><td>（1）时令美食节菜单的制定
（2）风味美食节菜单的制定
（3）主题美食节菜单的制定</td><td>（3）美食节菜单的制定</td><td>1）时令美食节菜单的制定
①春季
②夏季
③秋季
④冬季
2）风味美食节菜单的制定
①地中海
②墨西哥
③北欧
④东南亚
3）主题美食节菜单的制定</td><td>（1）方法：讲授法、讨论法、案例教学法
（2）重点：时令美食节菜单的制定
（3）难点：风味美食节菜单的制定</td><td>1</td></tr>
</table>

续表

2.1.6 一级 / 高级技师职业技能培训要求				2.2.6 一级 / 高级技师职业技能培训课程规范			
职业功能模块（模块）	培训内容（课程）	技能目标	培训细目	学习单元	课程内容	培训建议	课堂学时
2. 宴会设计与菜单制定	2–2 菜单制定	2–2–4 能编制、书写英语菜单	（1）主题餐厅英语菜单的编制、书写 （2）宴会英语菜单的编制、书写 （3）美食节英语菜单的编制、书写	（4）英语菜单的编制、书写	1）主题餐厅英语菜单的编制、书写 ①咖啡厅菜单 ②扒房菜单 ③快餐厅菜单 ④客房送餐菜单 2）宴会英语菜单的编制、书写 ①正式宴会菜单 ②鸡尾酒会菜单 ③冷餐会菜单 3）美食节英语菜单的编制、书写 ①时令美食节菜单 ②风味美食节菜单 ③主题美食节菜单	（1）方法：讲授法、讨论法、案例教学法 （2）重点：主题餐厅英语菜单的编制、书写 （3）难点：宴会英语菜单的编制、书写	1
3. 厨房管理	3–1 人员配备	3–1–1 能制定厨房的组织结构及能按经营要求对厨房人员进行调配	（1）厨房组织结构的设置 （2）厨房各岗位人员的调配	（1）厨房组织结构及各岗位人员的调配	1）厨房组织结构的设置 2）厨房各岗位人员的调配	（1）方法：讲授法、案例教学法 （2）重点与难点：厨房各岗位人员的调配	1
		3–1–2 能制定厨房人员的岗位职责	（1）厨师长岗位职责的制定 （2）初加工岗位职责的制定 （3）冷厨房岗位职责的制定 （4）热厨房岗位职责的制定 （5）点心房岗位职责的制定	（2）厨房各岗位职责的制定	1）厨师长岗位职责的制定 2）初加工岗位职责的制定 3）冷厨房岗位职责的制定 4）热厨房岗位职责的制定 5）点心房岗位职责的制定	（1）方法：讲授法、案例教学法 （2）重点与难点：厨师长岗位职责的制定	1

续表

2.1.6　一级 / 高级技师职业技能培训要求				2.2.6　一级 / 高级技师职业技能培训课程规范			
职业功能模块（模块）	培训内容（课程）	技能目标	培训细目	学习单元	课程内容	培训建议	课堂学时
3. 厨房管理	3-2　宴会安排	3-2-1　能安排西式套餐、自助餐等形式的宴会	（1）宴会菜肴制作实施方案的编制 （2）宴会服务方案的实施	（1）宴会菜肴的制作	1）宴会菜肴制作的特点 2）宴会菜肴生产过程 ①制订生产计划 ②烹饪原料准备 ③辅助加工阶段 ④基本加工阶段 ⑤烹饪与装盘加工阶段 ⑥菜品成品输出阶段 3）宴会菜肴生产设计的要求	（1）方法：讲授法、案例教学法、讨论法 （2）重点与难点：宴会菜肴制作生产过程	1
				（2）宴会菜肴制作实施方案的编制	1）宴会菜肴生产工艺设计的方法 2）宴会菜肴生产实施方案编制的内容 ①宴会菜品生产工艺设计书 ②宴会菜品用料单 ③原材料订购计划单 ④宴会生产分工与完成时间计划 ⑤生产设备与餐具使用计划 ⑥影响宴会生产的因素与处理预案 3）宴会菜肴生产实施方案的编制步骤 4）宴会菜肴生产的组织实施步骤	（1）方法：讲授法、案例教学法、讨论法 （2）重点与难点：宴会菜品生产实施方案编制的内容	1
				（3）宴会服务的概述	1）宴会服务的意义与作用 ①宴会服务的意义 ②宴会服务的特点 ③宴会服务的作用 2）宴会服务程序设计 ①西式宴会服务程序设计 ②鸡尾酒会服务程序设计 ③冷餐会服务程序设计	（1）方法：讲授法、案例教学法、讨论法 （2）重点：宴会服务的意义与作用 （3）难点：宴会服务程序设计	1

续表

2.1.6　一级 / 高级技师职业技能培训要求				2.2.6　一级 / 高级技师职业技能培训课程规范			
职业功能模块（模块）	培训内容（课程）	技能目标	培训细目	学习单元	课程内容	培训建议	课堂学时
3. 厨房管理	3–2　宴会安排	3–2–1　能安排西式套餐、自助餐等形式的宴会	（1）宴会菜肴制作实施方案的编制 （2）宴会服务方案的实施	（4）宴会服务方案的实施	1）人员分工计划 2）宴会场景布置计划 3）宴会物品准备计划 4）开宴前的检查工作计划 5）宴会现场指挥管理计划 6）宴会结束工作计划 7）宴会服务实施方案的编制步骤 8）宴会服务的组织实施	（1）方法：讲授法、案例教学法、讨论法 （2）重点：宴会服务实施方案的编制 （3）难点：宴会现场指挥管理	2
		3–2–2　能按宴会要求设计布置展台	（1）重大活动主题性展台的设计 （2）主题性展台美化、装饰	（5）主题性展台的设计与展台美化、装饰	1）主题性展台的概述 ①主题性展台的特点 ②主题性展台的作用 ③主题性展台的设计步骤 2）主题性展台实例 3）重大活动主题性展台的设计 ①重大节日主题性展台 ②重大活动主题性展台 4）主题性展台美化、装饰实例 ①利用相应花草、果蔬装饰 ②采用符合主题的装饰物装饰 ③灯光装饰 ④其他装饰	（1）方法：讲授法、案例教学法、讨论法 （2）重点：重大活动主题性展台的设计 （3）难点：主题性展台美化、装饰实例的掌握	1

续表

2.1.6　一级 / 高级技师职业技能培训要求				2.2.6　一级 / 高级技师职业技能培训课程规范			
职业功能模块（模块）	培训内容（课程）	技能目标	培训细目	学习单元	课程内容	培训建议	课堂学时
3. 厨房管理	3-3 成本控制与食品管理	3-3-1 能控制食品成本	（1）厨房加工过程的成本控制 （2）厨房配制过程的成本控制 （3）厨房烹调过程的成本控制	（1）厨房管理和成本管理的概述	1）厨房管理的概述 ①厨房管理的定义 ②厨房管理的内容 ③厨房管理的作用 2）成本管理的概述 ①成本管理的定义 ②成本管理的内容 ③成本管理的作用	（1）方法：讲授法、案例教学法、讨论法 （2）重点：厨房管理的内容和作用 （3）难点：成本管理的内容和作用	1
				（2）厨房产品的成本控制	1）厨房加工过程的成本控制 2）厨房配制过程的成本控制 3）厨房烹调过程的成本控制	（1）方法：讲授法、案例教学法、讨论法 （2）重点：厨房配制过程的成本控制 （3）难点：厨房烹调过程的成本控制	2
		3-3-2 能根据《中华人民共和国食品安全法》的相关规定在食品加工环节中控制食品卫生和安全	（1）对初加工岗位的卫生和安全控制 （2）对冷菜岗位的卫生和安全控制 （3）对热菜岗位的卫生和安全控制 （4）对点心岗位的卫生和安全控制	（3）食品加工环节中控制食品卫生和安全	1）初加工岗位的卫生和安全控制 2）冷菜岗位的卫生和安全控制 3）热菜岗位的卫生和安全控制 4）点心岗位的卫生和安全控制	（1）方法：讲授法、案例教学法、讨论法 （2）重点：热菜岗位的卫生和安全控制 （3）难点：冷菜岗位的卫生和安全控制	2
		3-3-3 能运用 HACCP 进行危险管控	（1）HACCP 危害分析 （2）HACCP 关键控制点的确定 （3）制定HACCP计划表	（4）运用 HACCP 的危险管控	1）HACCP 的概念 2）HACCP 的发展 3）HACCP 的基本原理 4）HACCP 的实施步骤 ①对菜品进行分类 ②菜品描述 ③餐饮业常见的关键控制点 ④危害分析与关键控制点的确定 ⑤制定 HACCP 计划表	（1）方法：讲授法、案例教学法、讨论法 （2）重点：危害分析与关键控制点的确定 （3）难点：制定与实施 HACCP 计划表	2

续表

2.1.6 一级 / 高级技师职业技能培训要求				2.2.6 一级 / 高级技师职业技能培训课程规范			
职业功能模块（模块）	培训内容（课程）	技能目标	培训细目	学习单元	课程内容	培训建议	课堂学时
3. 厨房管理	3-4 厨房布局	3-4-1 能根据餐厅面积合理布局厨房	（1）分析影响厨房位置的因素 （2）分析影响厨房面积的因素	（1）影响厨房布局的因素	1）厨房布局概述 ①厨房布局的定义 ②厨房布局的原则 ③厨房布局的作用 2）影响厨房位置的因素 3）影响厨房面积的因素	（1）方法：讲授法、案例教学法 （2）重点：影响厨房位置的因素 （3）难点：影响厨房面积的因素	1
		3-4-2 能根据餐厅经营要求对厨房设备设施进行配置	（1）西餐厨房布局 （2）西餐厨房的设备配置	（2）西餐厨房布局与设备配置	1）西餐厨房布局 ① L 形西餐厨房布局 ②直线形西餐厨房布局 ③平行形西餐厨房布局 ④ U 形西餐厨房布局 2）西餐厨房的设备配置的种类和数量	（1）方法：讲授法、案例教学法、讨论法 （2）重点：西餐厨房布局 （3）难点：西餐厨房的设备种类	1
4. 指导与创新	4-1 培训	4-1-1 能编制本专业培训计划	（1）培训计划的编写 （2）培训的实施	（1）本专业培训计划编制与实施	1）培训计划的概念 2）培训计划编写原则 3）培训计划编写 4）培训实施 5) 常见培训教学法	（1）方法：项目教学法 （2）重点与难点：培训计划的编写	1
		4-1-2 能对二级 / 技师及以下员工进行技术指导	（1）技术指导方案的撰写 （2）技术指导的实施	（2）二级 / 技师及以下员工的技术指导	1）技术指导方案的格式和实例 2）技术指导注意事项	（1）方法：讲授法、案例教学法 （2）重点与难点：技术指导方案的格式和注意事项	1

续表

2.1.6 一级 / 高级技师职业技能培训要求				2.2.6 一级 / 高级技师职业技能培训课程规范			
职业功能模块（模块）	培训内容（课程）	技能目标	培训细目	学习单元	课程内容	培训建议	课堂学时
4. 指导与创新	4-1 培训	4-1-3 能对二级 / 技师及以下员工进行厨房英语及听说培训	（1）英语教学内容多媒体课件的制作 （2）多媒体课件的教学运用	（3）二级 / 技师及以下员工厨房英语听说培训	1）英语教学内容多媒体课件的制作 ①英语菜单 ②英语情景会话 ③英语工作计划与总结 2）多媒体课件的教学运用 3）厨房英语及听说培训方法与实例	（1）方法：讲授法、案例教学法、讨论法 （2）重点与难点：厨房英语及听说培训方法与实例	4
	4-2 技术研究	4-2-1 能对西式烹调行业的工艺难题进行研究	对行业工艺难题进行研究分析并提出解决方案	（1）西式烹调工艺的难题的研究	1）烹调过程中的热传递 ①基本概念 ②烹调过程中的热传递方式 ③原料内部的热传递 2）味觉基本知识 ①味觉的概念与分类 ②影响味觉的因素 ③主要味觉的理化性质 3）菜肴的颜色 ①菜肴颜色的意义与作用 ②菜肴的天然色泽 ③菜肴在加工烹调过程中颜色的变化和保护方法 4）菜肴的香气 ①香气的意义与产生 ②菜肴的香气成分 ③菜肴香气成分的保护 5）烹调中的理化变化 ①碳水化合物的变化 ②蛋白质的变化 ③其他营养素的变化	（1）方法：讲授法、案例教学法、讨论法 （2）重点：菜肴在加工烹调过程中颜色的变化和保护方法 （3）难点：利用烹调原理对工艺难题研究分析并提出解决方案	2

续表

2.1.6 一级 / 高级技师职业技能培训要求				2.2.6 一级 / 高级技师职业技能培训课程规范			
职业功能模块（模块）	培训内容（课程）	技能目标	培训细目	学习单元	课程内容	培训建议	课堂学时
4. 指导与创新	4－2 技术研究	4-2-1 能对西式烹调行业的工艺难题进行研究	对行业工艺难题进行研究分析并提出解决方案	（1）西式烹调工艺的难题的研究	6）利用烹调原理对工艺难题进行研究分析并提出解决方案 ①菜肴色泽不佳，改善色泽 ②菜肴香味不佳，改善香味 ③菜肴味道不佳，改善味道 ④菜肴形态不佳，改善形态 ⑤菜肴质感不佳，改善质感	（1）方法：讲授法、案例教学法、讨论法 （2）重点：菜肴在加工烹调过程中颜色的变化和保护方法 （3）难点：利用烹调原理对工艺难题研究分析并提出解决方案	2
		4-2-2 能撰写本专业技术研究论文	专业技术研究论文的撰写	（2）专业技术研究论文的写作	1）专业技术研究论文的概念 2）专业技术研究论文的特点 3）专业技术研究论文写作的一般程序 ①选题 ②写作构思 ③拟写提纲 ④起草行文 4）专业技术研究论文写作的基本要求 ①文题 ②作者署名 ③内容摘要 ④引言 ⑤讨论（主体部分） ⑥结论 ⑦参考文献 ⑧写作步骤	（1）方法：讲授法、案例教学法、讨论法 （2）重点：论文写作构思 （3）难点：论文中讨论（主体部分）的写作	2
课堂学时合计							58